职业道德与法律

◎主　编　管小青　廖富兴　廖映新
◎副主编　邓丽霞　从　蓉　安新德

北京理工大学出版社
BEIJING INSTITUTE OF TECHNOLOGY PRESS

版权专有　侵权必究

图书在版编目（CIP）数据

职业道德与法律 / 管小青，廖富兴，廖映新主编 . —北京：北京理工大学出版社，2019.12 重印

ISBN 978-7-5682-5279-9

Ⅰ．①职…　Ⅱ．①管…　②廖…　③廖…　Ⅲ．①职业道德 – 中等专业学校 – 教材 ②法律 – 中国 – 中等专业学校 – 教材　Ⅳ．① B822.9 ② D920.5

中国版本图书馆 CIP 数据核字（2018）第 019217 号

出版发行 / 北京理工大学出版社有限责任公司
社　　址 / 北京市海淀区中关村南大街 5 号
邮　　编 / 100081
电　　话 /（010）68914775（总编室）
　　　　　（010）82562903（教材售后服务热线）
　　　　　（010）68948351（其他图书服务热线）
网　　址 / http: //www.bitpress.com.cn
经　　销 / 全国各地新华书店
印　　刷 / 定州市新华印刷有限公司
开　　本 / 787 毫米 × 1092 毫米　1/16
印　　张 / 11.5
字　　数 / 260 千字
版　　次 / 2019 年 12 月第 1 版第 2 次印刷　　　　　　　责任校对 / 周瑞红
定　　价 / 29.80 元　　　　　　　　　　　　　　　　　责任印制 / 边心超

图书出现印装质量问题，请拨打售后服务热线，本社负责调换

前言

为了贯彻党的十九大精神，落实《中共中央国务院关于进一步加强和改进未成年人思想道德建设的若干意见》和《国务院关于大力发展职业教育的决定》，加强和改进中等职业学校德育课教学工作，进一步加强德育课教学的正对性、时效性和时代感，提高职业教育质量，教育部颁布了新修订的《中等职业学校德育大纲》。本书是根据新大纲中的《职业道德与法律教学大纲》所编写的。全书共分五个专题十二节课。在大纲设定的范围内，以中职生喜闻乐见的方式，传递尽可能多的信息。

培养中职学生良好的职业礼仪和道德意识，践行职业道德规则，对于塑造学生的完美职业人格，提高职业素质至关重要。学习法律常识，树立法制观念，做到知法、守法、懂法，学会依法开展各种民商事活动，运用法律维护自身合法权益，与违法犯罪做斗争，是未来中职生从事各类职业行为的必修课。

任何教育都以受教育的接受为前提，本教材编写以让中职学生乐意读、读进去、学以致用为宗旨，在形式上图文并茂，用不同的表现形式将重点、难点区分出来，力求符合中职学生的阅读习惯。在内容上深入浅出，每一讲都配有"案海导航"、"探究导航"、"名家金句"、"互动在线"、"专家点评"，引导学生主动学习，提高学生发现问题，分析问题，解决问题的能力。同时，为了方便教学，本教材还配有多媒体课件。

本书由管小青、廖富兴、廖映新3位讲师主编。廖映新负责专题一《习礼仪，讲文明》的编写，廖富兴负责专题二《知荣辱，有道德》和专题三《弘扬法治精神，当好国家公民》的编写，管小青负责专题四《自觉依法律己，避免违法犯罪》和专题五《依法从事民事经济活动，维护公平正义》的编写。在编写过程中，我们认真研究大纲的基本精神，收集了大量的文献，取其所长，综合自身的教学经验，形成本书的终稿。由于时间仓促，水平有限，尽管我们尽了最大的努力，但书中难免存在错误和不足，在此，真诚希望广大的师生朋友们给予指正，待将来修订和完善。

目 录 Contents

专题一	**习礼仪，讲文明**	001
第一课	塑造良好的自我形象	001
第二课	展示优良的职业风采	012
专题二	**知荣辱，有道德**	022
第三课	道德规范：人生发展、社会和谐的重要条件	022
第四课	职业道德：职场纵横、职业成功的必要保证	035
第五课	优良习惯：行业道德、行业风纪的必备要求	047
专题三	**弘扬法治精神，当好国家公民**	057
第六课	理解法治真谛，弘扬法治精神	057
第七课	维护宪法权威，树立公民意识	071
第八课	崇尚程序正义，铭记依法维权	082
专题四	**自觉依法律己，避免违法犯罪**	094
第九课	预防一般违法行为	094
第十课	避免误入犯罪歧途	105
专题五	**依法从事民事经济活动，维护公平正义**	120
第十一课	公正处理民事关系	120
第十二课	依法生产经营，保护环境	159

专题一　习礼仪，讲文明

《礼记》是中国古代一部重要的典章制度书籍，也是一部重要的仁义道德教科书，其第一篇就开宗明义："道德仁义，非礼不成！"因此，自古我国就以"礼仪之邦"著称于世。

随着社会文明的进步，礼仪的重要性日益凸显。它既是对优良传统的传承，又是现代文明的体现，是人们的生活需要。特别是中国借由"一带一路"进一步加深与世界联系的今天，人们的社会交往范围不断扩大，更需要以良好的礼仪形象来展示中国人的文明风采。

因此，掌握礼仪知识，明礼崇礼，提升礼仪素养，践行礼仪规范，不仅是现代文明人必备的基本素质，而且是社会交往和事业成功的重要条件。

第一课　塑造良好的自我形象

悦人的仪表和潇洒的举止一直是人们孜孜以求的，当代社会，人们对个人的礼仪更是倍加关注。从表面看，个人礼仪仅仅涉及个人穿着打扮、举手投足之类的细节小事，但细节之处见精神，举止言谈显文化。养成遵守礼仪的习惯、展现良好的教养，也是一名职业人在职场中获得他人欣赏，进而走向成功的必备要素。

一、秀于内——做一个有魅力的职业人

增强自我主体意识和规矩意识

案例导航

日本保险业泰斗原一平在27岁时进入日本明治保险公司，开始了推销生涯。当时，他穷得连中餐都吃不起，并露宿街头。

有一天，他向一个老和尚推销保险。等他详细说明之后，老和尚平静地说："你的介绍丝毫引不起我投保的意愿。"

老和尚注视原一平良久，接着又说道："人与人之间，像这样相对而坐的时候，一定要具备一种强烈吸引对方的魅力，如果你做不到这一点，将来就没什么前途可言了。"

原一平哑口无言，冷汗直流。老和尚又说："年轻人，先努力改造自己吧！"

"改造自己?"

"是的,要改造自己,首先必须认识自己,你知不知道自己是一个什么样的人呢?"

老和尚又说:"你向别人推销保险之前,必须先考虑自己,认识自己。"

"先考虑自己?认识自己?"

"是的,赤裸裸地注视自己,毫无保留地彻底反省,然后才能认识自己。"

从此,原一平开始努力认识自己,改善自己,终于成为一代推销大师。

【思考】
老和尚的话对原一平的成功有什么启示?

所谓"职业",就是指社会赋予每个人的使命和责任;所谓"职业人",就是指愿意并能够完成使命、承担责任的人。

要做一个有魅力的、受人欢迎的职业人,需要有主体意识。这就要求我们必须正确认识自己,知道自己的缺点和不足,明确自己努力的方向。不能正确认识自己的人,无法全面客观地评价自己,无法规划自己的职场人生。

做有魅力的职业人

知识链接

古希腊的阿波罗神殿遗址。在神殿的石柱上,刻着"认识你自己"的箴言

老子:知人者智,自知者明

孙武:知彼知己,百战不殆

第一课 塑造良好的自我形象

> **探究共享**

古代哲人揭示了认识自我的重要性。在当代,中职生也要有主体意识,最首要的就是要正确认识自我。请认真填写以下表格,自我创新,并思考正确认识自我对自己的人生有什么样的作用?

关于正确认识自我

姓　名		年　龄	
对自己的描述			
主要成长经历			
最明显的优点			
最大的不足			
职业兴趣			
职业方向			
最喜欢的名言			

每个人都是独一无二的,人人都有自己的特点。要做一个有魅力的职业人,就要正确认识自己,增强自我意识。

只有正确认识自己,才能建立起自信心,完善自我品质,把握现在,选择未来。我们中职生要学会从多个方面正确认识自己。正确认识自己,并不是盲目地进行自我欣赏,自我陶醉,而是在客观分析自己实际的基础上,在自我接纳的前提下,欣赏自己的优点,承认自己的不足,进而逐渐完善自我品格,使自己在未来得到更好的发展。

> **相关链接**

正确认识自己的主要方法

比较法:一是和别人比较。要善于吸收别人的长处,改正自己的缺点。二是与自己比较。与自己的过去比较,客观地对待过去的自己、现在的自己。

自评法:通过分析认识自己,把握自己的心理,经常自我反省,并通过内心的自我分析、自我解剖,及时改正自己的缺点。

他评法:古人云,以人为镜,可以明得失。别人对自己的态度和看法犹如一面镜子,通过这面镜子,可以看见自己和评价自己。

心理测评法:可以在心理健康咨询老师的指导下,通过心理测试工具来认识自己。

每个人都是独特的个体,我们要认真分析自己的特点,找准适合自己的发展方向,在做人做事方面给自己准确定位；树立自信心，学会认识自己，了解自己的优势，选择一条既有利于自身能力的发展又满足社会需求的未来之路。

探究共享

镜头一：某同学上课迟到，并且在课堂上不停地做小动作，大声说话，毫不顾忌其他同学的感受，其他同学都向他投来厌恶和蔑视的目光。

镜头二：几位中职生对学习不感兴趣，整天抱着手机打网络游戏，后来又逃学，由于没钱上网买游戏装备，便商量着到附近拦截小学生敲诈零用钱，被人举报后被公安机关抓获，被严厉警告和批评教育。

【思考】
1. 上述事例中的学生各违反了哪些规则？
2. 造成的后果给我们带来哪些启示？

"规矩意识"是一种自觉的纪律观念、底线意识，这种对规则、制度的敬畏与遵从一旦形成，就可以内化于心，外化于行。

俗话说"没有规矩，难成方圆"，每个人做事都要讲究规矩，我们中职生作为社会的一分子，作为未来社会的栋梁之材，也要学会遵守社会规则，严格约束自己的行为，养成遵纪守法、维护社会秩序的好习惯。

名家金句

离娄之明，公孙子之巧，不以规矩，不能成方圆。　　——孟子

领导干部要把深入改进作风与加强党性修养结合起来，自觉讲诚信、懂规矩、守纪律，襟怀坦白、言行一致，心存敬畏、手握戒尺，对党忠诚老实，对群众忠诚老实，做到台上台下一种表现，任何时候、任何情况下都不越界、越轨。　　——习近平

我们要在生活中增强规矩意识，**以遵纪守法为荣，以违法乱纪为耻**，养成依法办事的好习惯，自觉维护良好的社会秩序，这样才能营造一个人与人和谐相处的良好社会环境。

展示自我文明素养与个人礼仪

案海导航

【思考】
1. 以上图片反映了什么现象？
2. 在现实生活中，我们应该怎么做才能展示文明素养和个人礼仪？

文明素养是指人类平时在科学文化知识、艺术、思想道德等方面所达到的一定水平。因其较科学，较先进，较主流，符合时代要求，反之则为不文明素养。**良好的语言和行为是文明素养最好的标志。文明素养又建立于个人的道德修养之上。**

"礼仪"一词由"礼""仪"两个字组合而成，既包括礼貌、礼节的表达，又包括程序、规范的遵守，泛指人们在社会交往活动中所形成的应该共同遵循的行为规范和准则，**文明礼仪是社会文明程度的重要标志。**

礼

个人礼仪是自我修养的重要内容，是一个人内在修养的外在表现，也是个人素质最直接的表现，是个人综合素养的真实名片。

名家金句

面必净，发必理，衣必整，纽必结，头宜正，肩宜平，胸宜宽，背宜直，气象勿傲勿急，颜色宜和、宜静、宜庄。
——周恩来

个人礼仪主要包括清洁卫生、服饰合宜、言谈得体、举止优雅等几个方面。 我们中职生要学会正确运用个人礼仪，塑造自己的良好形象。个人礼仪的基本要求是：仪容仪表整洁端庄，言谈举止真挚大方，服装饰物搭配得体，面容表情自然舒展。

知识链接

1. 站姿

站姿是指人的双腿在直立静止状态下所呈现出的姿势。站姿是步态和坐姿的基础，一个人要表现出得体雅致的姿态。得体的站姿的基本要点是：双腿基本并拢，双脚呈45°～60°，身体直立，挺胸、抬头、收腹、平视。得体的站姿给人以健康向上的感觉，不好的站姿如低头含胸、双肩歪斜、倚靠墙壁、腿脚抖动等会给人以萎靡不振的感觉。站姿可以随着时间、地点、身份的不同而变化，但一定要自然大方，并且适合自己的外在和内在特点。

2. 坐姿

坐姿是指人在就座以后身体所保持的一种姿势。得体的坐姿的基本要点是：上身挺直，两肘或自然弯曲或靠在椅背上，双脚接触地面（跷脚时单脚接触地面），双腿适度并紧。

3. 步态

步态是指一个人在行走过程中的姿势，也可叫作走姿。它以人的站姿为基础，始终处于运动中。站姿体现的是一种动态的美。得体的步态的最基本要点是：抬头挺胸，上身直立，双肩端平，两臂与双腿成反向自然交替甩动，手指自然弯，身体中心略微前倾。

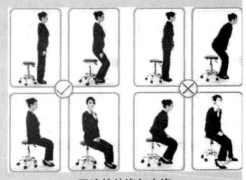

正确的站姿与坐姿

人们对他人的第一印象主要来自对其相貌、仪表、服饰、表情、姿态、态度、谈吐、举止等外在因素的感受。这就是"第一印象"效应，也叫首因效应、首次效应或优先效应。心理学研究表明，由第一印象所形成的心理感受最为深刻。有人说，能给人留下美好的第一印象就成功了一半，这说明了个人礼仪的重要性。

相关链接

某著名化妆品公司"仪容仪表要求"

（1）清洁卫生。清洁卫生是仪表美的关键。不管长相多好，服饰多华贵，若满脸污垢，必然会破坏一个人的美感。因此，养成良好的卫生习惯，做到入睡前起床后洗脸，早晚、饭后勤刷牙，讲究梳理勤更衣，不要在人前"打扫个人卫生"，如剔牙齿、掏鼻孔、挖耳屎、修指甲、搓泥垢等。

（2）服饰合宜。服饰可以反映一个人文化素质的高低，审美情趣的雅俗。服饰既要自然得体、协调大方，又要遵守某种约定俗成的规范或原则；不但要与自己的具体条件相适应，还必须注意客观环境、场合对着装的要求，即服饰要优先考虑时间、地点和目的三大要素。

（3）言谈得体。一是礼貌。态度亲切诚恳，声音大小适宜，语调平和沉稳，尊重他人。二是多用尊敬和礼貌的词语，如日常使用的"请""谢谢""对不起"，第二人称中的"您"字等。现在，我国提倡的礼貌用语是"您好""请""谢谢""对不起""再见"。这十个字体现了说话文明的基本的语言形式。

（4）举止优雅。交谈时，要正视、倾听，不能东张西望。站立时，挺胸、收腹、抬头、双肩放松。双臂自然下垂或在体前交叉，眼睛平视，面带笑容。女性两膝并拢，男性膝部可分开一些，但不要过大，一般不超过肩宽。

互动在线

分小组进行比赛，每小组派出一个代表，做出以下动作：请、微笑、再见、站立、坐下。
【观察】其他小组观察并指出其存在的优点及不足。

中职生在日常生活中的一言一行、一举一动都要注重文明素养和个人礼仪，养成良好的文明习惯，以及正确的站立、就座、行走等各种合乎礼仪规范的习惯。塑造自己的良好形象对于提高个人的品格修养，有着重要的意义。

探究共享

如果你失去了今天，你不算失败，因为明天会再来；

如果你失去了金钱，你不算失败，因为人生的价值不在钱袋；

如果你失去了文明，你彻彻底底失败了，因为你已经失去了做人的真谛。

【思考】
你对这段话是怎么认识的？

良好的文明素养和个人礼仪，**能改善我们的人际关系**，使交往对象之间相互敬重，产生维持彼此交往的热情和愉悦。此外，良好的个人礼仪还可以展现所在单位的良好形象，促进社会的快速发展。对社会而言，良好的个人礼仪是社会主义精神文明建设的基础。只有每个人的文明礼仪水平提高了，我们整个社会的道德修养才会进步。

良好的文明素养和个人礼仪，有助于**完善我们的人格**，调节我们的道德修养行为。我们中职生更要通过自己的一言一行来提升自我的道德水平。可以这么说，要塑造良好的个人形象，就必须重视文明素养和个人礼仪的养成。

二、彰于外——做一个受欢迎的职业人

敢于交往

互动在线

人际交往能力小测试：
（1）我不喜欢与其他同学一起学习和活动。
（2）我不喜欢说话，有时宁愿用手势，也不用语言。
（3）我不愿和任何人进行目光接触。
（4）同学们不喜欢与我一起学习和活动。
（5）同学们不喜欢在我面前讨论各种问题。
（6）父母总是对我管束严厉，动辄训斥。
（7）放学后我不愿意回家而喜欢在外面玩。
（8）我对爸爸妈妈的谈话十分反感。
（9）我对爸妈的斗嘴、吵架感到无所谓。
（10）爸妈从不过问我的任何事。
（11）老师对我特别挑剔，专爱跟我过不去。
（12）老师在课堂上几乎从来没有看过我一眼。
（13）在路上看到老师，我总是设法躲避。
（14）老师家访时经常向爸、妈讲我的坏话。
（15）我觉得老师对我太不公平了。

答案：
a.是　b.不一定　c.否

人际交往能力小测试积分规则：
选a计1分，选b计2分，选c计3分，将各题得分相加，统计总分。
得分说明：
40分以上，说明你乐于与人交往，人际互动良好。
20~40分，说明你与人交往意愿与能力不是很突出。
20分以下，说明你的人际交往意愿与能力偏弱。

作为社会的一分子，我们必须参与社会生活，不断地与他人交往，才能维持自我生存，促进自我发展。如果离群索居，孤立生活，不与他人交往，那么终将会被社会抛弃。既然与他人交往不可避免，我们就要学会交往礼仪，以便更加有效地与他人交往，为将来做一个受欢迎的职业人奠定基础。

交往能让我们感受到幸福和快乐，能消除我们的孤独感，获得内心的满足。交往礼仪是社会成员在相互往来中的行为规范与为人处世的准则。自信是交往场合中一个很可贵的心理素质。一个充满自信的人，才能在交往中不卑不亢、落落大方，遇到强者不自惭，遇到困境不气馁，遇到恶行敢于挺身而出，遇到弱者会伸出援手；一个缺乏自信的人，就会处处碰壁。

> **专家点评**
>
> 　　作为现代职业人，仅仅具有一定的工作能力显然是难以在激烈的竞争中立足的，你需要适时亮出你的撒手锏——职业人所具有的自信。你可以不漂亮，可以不英俊，但是一定要自信！这样的人最有魅力。而自信的人也常常可以事半功倍，以最高的效率做出最完美的事情。

　　自信是获得成功的保证，我们中职生应该树立自信心。自信心能使我们不断地超越自己，敢于和人交往。自信心一旦树立，你遇事就不会恐惧，就会有勇气应对挑战，不管交往对象有多强大，你总能轻松面对。

学会交往

> **案海导航**
>
> 　　一位大学生想找金正昆教授作为校外论文评阅人。下面是她与金正昆教授的交谈实录：
> 　　她一进门就问："谁是金正昆？"
> 　　金正昆教授挺不高兴地说："我就是。"
> 　　"那你帮我看一篇论文吧，我是某某某的研究生。"
> 　　"那你放这儿吧！"
> 　　"快看。"她这话一说，当时在场的老师都大吃一惊。
> 　　金正昆教授看了看她说："放这里吧。"
> 　　"抓紧，25号要答辩了，必须看完啊。"说完扭头就走了。
>
> 【思考】
> 1. 你觉得这位大学生做得对吗？
> 2. 你对文中这位大学生有好的建议吗？
> 3. 怎样才能正确地与人交往？

　　在我们的生活中要与形形色色的人接触，在与不同的对象进行交往时，我们应遵循交往礼仪。交往礼仪是指社会成员在相互往来中的行为规范与为人处世的准则。好的人际交往能够促进中职生的社会化和自我认识的深化，能为中职生个性的发展与完善创造条件，是保持身心健康的重要条件。

交往礼仪的核心是**尊重和友好**。交往礼仪的基本要求是平等互尊、诚实守信、团结友爱、互利互惠。遵守交往礼仪的基本要求,既是提高个人道德素质的需要,也是建设社会主义精神文明、促进社会和谐发展的需要。

探究共享

常用的交往礼仪及其要求		
称呼礼仪		因人而异、因关系亲疏而称呼别人
见面礼仪	握手	应目光注视对方,微笑致意,时间不宜过长,注意握手的顺序应尊卑有别
	鞠躬	应前视对方,同时立正、脱帽或边鞠躬边说与行礼相关的话
	致意	一种不出声的问候礼节,常用于相识的人在各种不同场合打招呼,应用广泛
拜访礼仪		要确定拜访时间,选择合适服装,带好合适礼物,按时赴约,在主人家里不要过于随便
公共礼仪		要举止大方,仪态优雅,爱护环境,注重卫生,礼貌待人,尊老爱幼

【思考】这些交往细节对我们的人际交往有什么作用?

自觉践行交往礼仪规范,首先要养成遵守交往礼仪规范的习惯。作为中职生来说,要着重做到以下几个方面:

从小事做起,注意细节。在日常交往中,我们文明的言谈举止,会使他人乐于接近;粗俗的言谈举止,会使他人疏而远之。一声亲切的称呼、一句得体的问候、一次善意的交谈等细节,看似微不足道,却会影响我们的交往活动。许多学生往往会因为一些不合乎礼仪规范的处事态度、习惯动作、口头禅,而使自己处于尴尬或被动的局面。

探究共享

镜头一:放学途中,因为人多,比较拥挤,学生小王和小董的自行车撞到了一起。小王十分生气,大声嚷道:"你瞎了眼睛啊,骑车不看路,撞到我车上!"小董一听这话,心中愤愤不平,于是毫不相让,恶语相向,最终大打出手,两人都受了伤。

镜头二:在公交车上,甲不小心踩了乙一脚。甲连忙道歉:"对不起,我不小心踩了你一脚。"乙风趣地回答道:"不,是我的脚放错了地方。"这时,两个人都会意地笑了。

【思考】1. 相似的两件事情,为什么会导致不一样的结果?
2. 如果是你,你会怎么做?
3. 怎样才能正确地与人交往?

平等相待,尊重他人。在人际交往中,要真诚待人,与人为善,要允许他人有自我判断和独立进行个人行动的自由,要容纳不同的观点、看法和行为,做到求同存异。要善解人意,为他人着想。只有尊重他人,才能赢得他人的尊重。

专家点评

善于接受对方，善于重视对方，善于赞美对方，是对交往对象表现尊重和友善的三大途径。

善于接受对方，就是要善于接纳、容忍对方，要平等对待，不轻易对对方的言行进行是非判断，不可居高临下，不可卑躬屈膝；不求全责备，不让对方难堪或不舒服；要主动采取行动，努力去适应对方。

善于重视对方，就是对于自己的任何交往对象，都要认真对待，主动照顾，使对方感受到尊重和友好，切实体会到他们在自己心目中的重要地位。

善于赞美对方，就是要善于发现交往对象的长处，并恰到好处地及时给予肯定，表达钦佩或称赞。

顾全大局，求得和谐。 人际交往，贵在和谐。当个人利益和集体利益、他人正当利益发生冲突时，应以集体利益为重，尊重他人的正当利益，顾全大局，团结友善，和谐共处。

专家提醒

学校经常会举办一些集体活动，如运动会、报告会、文艺演出、升旗仪式等。学生参与这些活动时，要严格按照集体的要求，遵守活动的秩序和纪律，不能出现有损形象的言行。在课堂上、宿舍里、餐厅中，每一位同学也会遇到与同学、老师及其他人员的交往问题，要尊敬老师、团结同学、与人友好相处。例如，见到老师应礼貌打招呼，进入办公室前要经过老师的允许，离开时应向老师告辞；在宿舍要遵守作息制度，保持宿舍的整洁，同学之间要相互关心，互相帮助。

增强意志力，提高自控力。作为中职生，要不断提高辨别是非的能力，通过增强自我控制力，逐步改掉一些影响成长的不良习惯。

探究共享

（1）庄严的升旗仪式已经开始了，小李还在与同学窃窃私语……

（2）学校田径运动会上，小胡将喝完的饮料瓶随手丢在了赛场上……

（3）集体宿舍午休时间，小马仍然在大声说话……

（4）周末回到家里，小齐在网上针对他人随意发了一些不文明的帖子……

【思考】
1. 应如何杜绝上述违反交往礼仪的现象？
2. 谈谈我们应该如何践行网络礼仪。

第二课　展示优良的职业风采

职业礼仪和前面提到的个人礼仪、交往礼仪一样，是我们在日常生活工作中经常用到的，尤其对于职业人有着非常重要的现实意义。职业礼仪是所有从事一定职业的人员在职业活动中都应该遵循的行为规范和准则，它涵盖了从业人员与服务对象——职业与员工、职业与社会之间的关系，涉及穿着、交往、沟通、情商等内容。

一、礼仪——职场成功的初始因素

职业礼仪有讲究

案例导航

镜头一：一位顾客到商场去买衣服，看见一件衣服特别喜欢，便问售货员："你好，这件衣服能给我试一下吗？"售货员只看了他一眼，张口就说："这件衣服很贵的，弄坏了你赔不起！"这位顾客大为不悦，本来想买也不买了。

镜头二：一位商场优秀服务员，在实践中总结了接待顾客从语言上要做到：接待时发"五声"，即宾客到来有问候声，遇到宾客有招呼声，得到协助有致谢声，麻烦宾客有致歉声，宾客离开有道别声；不说禁忌"四语"。即不尊重宾客的蔑视语，缺乏耐心的烦躁语，自以为是的否定语，刁难他人的斗气语。

【思考】
1. 上述镜头中的服务人员同为商场服务员，但接待顾客的态度有什么不同？
2. 体现了职业礼仪的什么要求？

职业礼仪主要指人们在职业生活和商务活动中要遵循的礼仪，是一般礼仪在职业和商务活动中的运用和体现。它包括求职面试礼仪、社会服务礼仪、职业场所礼仪、商务活动礼仪等。

作为职校生，好的职业礼仪的运用对我们将来的工作有着重要的影响，同时，良好的职业礼仪对个人事业的成功有着很大的影响，甚至关系到个人的工作前景。因此，职业礼仪是一门社会科学，也是一种艺术的运用。

职业礼仪的基本要求是爱岗敬业、尽职尽责、诚实守信、优质服务、仪容端庄、语言文明。

第二课　展示优良的职业风采

探究共享

有位商人想下一批订单，先后去几家规模不等的公司考察。这几家公司的产品在价格、质量和售后服务等方面都不相上下。最后商人选择了其中规模较小的一家公司。有人问他选择的标准是什么？商人回答："是接待人员。"原来其余几家公司的接待人员不是忙乱中出了差错，就是事先未仔细复核飞机到达时间，未去机场迎接。还有的接待人员衣着邋遢，接待时频频失礼。只有这家小公司的接待人员准时到达机场，穿着干净挺括，在整个接待过程中始终彬彬有礼。商人说："通过这位训练有素的接待人员可以看出，这个公司员工的整体素质一定非常高，管理也一定非常好，工作效率一定会令我满意的。"

【思考】
1. 其他公司的接待人员的失礼之处有哪些？
2. 商人通过接待人员的工作，得出这家公司员工的整体素质高、管理科学和工作效率令人满意的结论，说明了什么道理？

职业礼仪是从业者必须掌握的一门功课，它关系到从业者是否能顺利地开展工作。具有良好礼仪的员工往往能给单位带来很大的效益，反之，将有损单位形象。由此看来，职业礼仪的养成具有相当的道德意义。

专家提醒

对人真诚，即不虚伪、不做作，诚信无欺、言行一致、表里如一。
对人平等，即对交往对象一视同仁，以礼相待，给予同样的礼遇。
对人敬重，即尊人敬人，不伤害他人的尊严，尊重对方的人格。
对人宽容，即为人豁达、有气量，严于律己、宽以待人。
对人自律，即自我约束，严格要求自己，按道德、礼仪行事。
尊重习俗，即尊重当地的风俗、对方的习惯，入乡随俗。
行为适度，即在待人接物中把握分寸，行为认真且得体。

践行职业礼仪，增强个人自信。职业礼仪可以规范从业人员的言谈举止。在此过程中，你会感觉到自己是个有修养的人，同时由于对别人彬彬有礼、办事妥当，大家自然会有所好评。这些来自内部和外部的好感，都不同程度地提高了从业人员的自信心。爱因斯坦说过，自信是迈向成功的第一步。自信的人是最美丽、最有活力的人。有信心的人，可以化渺小为伟大，化平庸为神奇。

践行职业礼仪，提升工作热情。如果在工作中大家都践行职业礼仪，那么我们将会有一个融洽的工作环境、愉悦的工作心情，从而大大提高职场人的工作热诚度，更加爱岗敬业。反之，如果大家在办公室里动不动就发牢骚、说粗话，同事们的心情就很难好起来，整个工作的氛围就会恶化，工作效率也会相应降低。

我们要做最好的自己，做尊重他人的人，就必须讲究职业礼仪；我们要敬重自己的职业，做优秀的职业人，就必须遵从职业礼仪；我们要遵守职业礼仪，就须在提高认识、付诸行动、培养习惯上下功夫。

作为中职生，在校期间就要努力学习职业礼仪基本常识，在日常生活中从小事做起，努力践行职业礼仪，做懂礼仪、有教养的文明人，这样才能为我们日后求职找工作打下良好的基础，也为我们工作的顺利进行提供良好的保障。

求职礼仪为职业起步加油

案海导航

镜头一：有一个女生去一家著名国企应聘，特地化了一个很浓的彩妆，并穿上一件鲜艳的花衬衣。但衬衣过于宽松而且低胸，里面的性感内衣一目了然，结果在面试的第一关就被淘汰了。

镜头二：面试当天小王没准备就去了。面试时脑子里一片空白，事先准备的说辞全忘了。自我介绍的语调就像一根直线，声音也发虚，手又习惯性地去摸头发。当面试官问他，应聘这个岗位的优势在哪里时，他一紧张，平时的那些小动作全出来了，一会儿摸摸头发，一会儿摸摸耳朵、擦擦鼻子……都不知道手该往哪儿摆。两位面试官看着这一切直皱眉头，问了两个问题就叫他出去了。

镜头三：二十多位求职者在会议室坐等面试。一位捧着很多材料的工作人员，进会议室时不小心把材料掉在地上。他极不方便地弯腰，想捡起落在地上的材料，在他周围的求职者谁都没有动，而离他最远的一位却过来帮忙。半小时后，除了刚才帮忙捡东西的那位求职者外，其余的人都没有被录取。

【思考】
1. 评析上述人物的礼仪表现，谈谈你的感受。
2. 说说求职面试时不同的言谈和举止，为什么会带来不同的求职结果。
3. 谈谈你所知道的求职时应注意的礼仪。

面试是求职过程的关键所在，既是接受用人单位考查的过程，又是推销自己、充分展示自己的机会。在求职应聘的过程中，得体的态度、素养和实力可以为我们的职业起步加油，而这些往往通过我们的礼仪形象、言谈举止等礼仪细节表现出来。

在现代职场求职的每个环节，都有一套颇为讲究的礼仪。一个知礼懂礼的人，是值得交往，也是能够赢得别人尊重的人，而一个不知礼、不懂礼、不讲礼的人必定会遭到职场

第二课　展示优良的职业风采

的淘汰。因此，作为一名求职者，在求职过程中，掌握求职礼仪知识，不仅可以提升自我礼仪素养，而且能确保自己在职场中迈出成功的第一步。

互动在线

每组派两名同学上台表演模拟面试，一名同学扮演面试官，一名同学扮演应聘者。围绕以下几个问题进行面试：

（1）请简要介绍一下你自己。
（2）请谈谈你对应聘岗位的认识。
（3）请谈谈你对工资待遇的要求。

【思考】
注意观察应聘者的仪容仪表、言谈举止，指出成功与不足之处。

面试前，应注重礼仪形象，让自己显得更有魅力，更显得具备求取岗位的素质。男性宜选穿深色西装，白色衬衫，长裤要熨烫笔挺。女性最好能穿高跟鞋和套装，颜色淡雅，不宜过于花哨，不宜暴露，宜化淡妆。

知识链接

美国一位心理学家调查发现，人的第一印象55%取决于外表，包括服装、面貌、形体、发色等，38%来自自我表现，包括语调、手势、站姿、动作等，7%来自自己所讲的真正内容。

面试中，交谈要诚恳热情，谨慎多思，把握分寸，使用谦虚的、征询意见的话语。交谈姿态优雅，保持微笑，不要紧贴着椅背坐，不可以做小动作。

相关链接

求职面试时的建议

首先，要设法了解自己希望就职的那个公司或单位尽量多的情况。其次，要尽可能全面地了解自己，应认真考虑一下自己究竟想在业务上干出什么名堂，该工作是否有助于实现个人目标，还应想一想通过何种途径可以证明以前的经历有助于自己胜任未来的工作。同时，应记住如下纪律：

（1）准时赴约，切不可让招聘人等候。
（2）要等接见者请自己就座时才能按指定位置入座，一般以对面为佳，并注意坐姿的优美和神情表现。

（3）服饰打扮要稳重正式，衣着要整洁得体，头发要梳理，皮鞋要擦亮。

（4）带上个人简历、证件等必要的材料，见面时，一定保证不用翻找就能迅速取出所需材料。

（5）讲话时要充满自信，回答提问时尽量详细，但不要发挥，要按接见者的话题进行交谈，大胆咨询有关未来的工作。

（6）及时告辞。有些接见者以起身表示面谈的结束，另一些人则用"同你谈话我感到很愉快"或"谢谢你前来面谈"这样的辞令来结束谈话。对此，面试者应十分敏锐，及时起身告辞。

面试

面试后，为增加求职成功的可能性，应在面试后的两三天内，给招聘人员写封信表示感谢。感谢信要简洁，在中间部分可以重申自己对公司、应聘职位的兴趣，信的结尾可以表示自己的信心，以及为公司的发展壮大做贡献的决心。

正确的求职礼仪就像一把钥匙，在首次相见中就能打开机遇的大门，为事业起步加油。作为中职生，我们要牢牢记住：错误的求职礼仪会让千辛万苦的努力化为泡影；世界上最具有说服力的介绍信是自己展示给他人的形象，而形象是自己平日里用礼仪一点一点地描绘的。

职场礼仪为职业成功助力

案海导航

谁该被"扫地出门"？

镜头一：王某在第一次与客户谈完生意后，将价值 3 万多元的设备遗忘在出租车上。面对经理的批评，他却振振有词："对不起，我是刚毕业的学生。学生犯错是常事，你就多包涵吧。"

镜头二：金某喜欢睡懒觉，上班经常迟到，还在工作时间上网聊天，被多次警告仍置若罔闻。

镜头三：田某是营销经理，在公司会议上被老总大骂了一顿，但问题其实出在广告宣传的失误上，面对责骂，田某没有马上反驳，而是把上司的意见记在笔记本上，待上司情绪平稳后，才找机会对其说："您能否听我解释一下？"他先肯定了营销工作确实有待改进，然后提出了对广告宣传的意见。

【思考】
1. 评析上述人物的礼仪表现，谈谈你的感受。
2. 面对上述情况，说说哪种人在职场上是不会成功的。

我们身处职场，要想和领导、同事建立良好的、真诚的合作关系，要想赢得他人的喜

第二课 展示优良的职业风采

爱和信任,要想自如地、妥善地应对职业交往,就必须主动并自觉地遵守职场基本礼仪。

美国著名成人教育家卡内基认为:一个人事业上的成功,只有15%是靠他的专业技术,另外的85%要靠人际关系、处事技巧。处理好工作中的人际关系,不仅能使你心情愉快,重要的是会帮助你工作上步入成功,这包括上级和同事两个方面。

探究共享

杨小姐的老板是一个德国人,喜怒形于色,常爱发火骂人,很难相处。一次为帮助另一部门处理一份紧急文件,杨小姐虽然身体不适,还是加班到晚上9点多。当她把文件辛辛苦苦弄出来时,却遭老板一顿骂:"你有没有脑子?这么愚蠢的错误也会犯!"这是她不熟悉的工作,老板事前也没有明确说明,尽管作了解释,老板却依然不依不饶!牺牲自己的时间,却换来一通臭骂,她觉得忍无可忍了……

【思考】在职场中面对这样的老板,我们该怎样与之相处?你能给出一些好的建议吗?

面对上级,首先要尊重,这是人与人友好相处的基础。对上级的尊重以及在此基础上的服从,是一个下级所应遵守的行为准则,也是建立良好的上级关系的前提条件。其次要在工作中配合你的上级:一方面应该顾全大局而不计个人得失,另一方面要掌握分寸与角色艺术,在正确的时间、地点,以正确的方式尽可能地帮助上级。

探究共享

朱先生是毛先生的同事兼对手。见上级喜欢将重要任务交给毛先生,朱先生心有不忿,便时常找碴儿并针锋相对。毛先生采取的态度是不卑不亢,平时十分注意把与之相关的工作处理得当,让朱先生无话可说。当对方不识趣非要恶言相向时,毛先生仍不愠不火。等到单独相处时,毛先生正色道:"竞争是争业绩不是争是非,我忍你一次不会忍你很多次,如果你实在不服,咱可以请上级来评理。"

【思考】结合这则案例,简单谈谈如何和同事愉快相处。

面对同事,应注意以下几个方面:一是性格开朗,开朗让你的世界拥有快乐,拉近同事与你的距离,融入新环境的最有效方法便是学会对每个人微笑;二是礼仪周到,文明礼貌程度是展现你个人素质的最重要方面,和同事相处,要不卑不亢,谦恭有礼;三是竞争含蓄,面对晋升、加薪,应抛开杂念,不要手段、不玩技巧,但绝不放弃与同事公平竞争的机会;四是作风正派,包括勤奋、廉洁的工作作风和正派的生活作风。只有勤奋努力才能把工作做得出色,不以权谋私则是能博得他人敬重的主要依据。

专家提醒

中职生进入企业实习，还需要注意以下实习礼仪：

（1）要严格遵守实习单位的规章制度，上班不迟到、不早退，有事要事先请假；

（2）要虚心好学，尊重领导、尊重师傅和同事，遇到不懂的问题，应主动向老员工请教，对他人的帮助和指导要及时道谢；

（3）要主动多承担自己力所能及的工作；

（4）要注意保持工作场所的卫生，及时清扫垃圾，创造良好的工作环境；

（5）不打听、不议论同事的私事，对同事的工作情况不评头论足；

（6）工作期间不接打私人电话，未经同意，不得使用单位电话聊私事。

作为中职生，今天，我们在学校学习，明天，我们将走入职业生活，成为职场的一名员工。我们要将所学的职业礼仪知识自觉运用到职业生活中，提高遵守职业礼仪规范的自觉性，并将其作为重要的经验伴随我们今后的职业生涯。

二、员工——企业形象的最佳代言

促进企业和谐——增强凝聚力

案海导航

两位办事员张三和李四被派出去办事，他们各自带着一包行李出门，一路上重重的行李减缓了二人的行走速度。他们左手累了换右手，右手累了换左手。忽然，其中一人停下来，在路边买了一根扁担，将两件行李一前一后挂在扁担上。他挑起两件行李上路，反而觉得轻松了许多。这样两个人换着挑担，不但加快了速度，还增进了感情。

【思考】这个故事给我们什么启示？

中国有句古话叫"一个篱笆三个桩，一个好汉三个帮"。集体的力量永远是无穷的。"兄弟齐心，其利断金！"不管什么时候，单靠一个人的力量，都是不可能取得很大进步的。怎么发挥最大的能量呢？答案就是"凝聚力"。

企业的凝聚力，需要员工自觉主动地遵守职业礼仪规范，约束自己的行为，这样就容易在企业内部建立起相互尊重、彼此信任、友好合作的关系，使企业上下一心、同舟共济，增强凝聚力，从而和谐地发展。

企业凝聚力就是使员工能够团结在一起，互相信任，互相促进，努力工作的一种向心力。

增强企业凝聚力后无疑就是给企业打了一剂稳定针，稳定了员工的情绪，稳定了企业的根基。

第二课　展示优良的职业风采

相关链接

网络调查：企业的哪个方面是你最为重视的？
（1）良好的企业发展前景。
（2）满意优厚的福利待遇。
（3）骄傲的企业市场美誉。
（4）和谐愉快的工作氛围。
（5）规范的企业运营机制。
（6）奖惩分明的激励机制。
（7）个人才智发挥的空间。
（8）优秀的团队合作伙伴。
据调查结果：排在第一位的是和谐愉快的工作氛围。

【思考】
如何创造和谐愉快的工作氛围？

职业礼仪能够协调企业内部的人际关系，是人际关系和谐的调节器，有助于加强人们之间的友好合作关系，促进企业的和谐发展。

树立企业形象——提升竞争力

相关链接

麦当劳企业文化是一种家庭式的快乐文化，强调快乐文化对人们的影响。和蔼可亲的麦当劳大叔笑口常开，被称作"孩童最好的朋友"，金色拱门象征着欢乐与美味、干净整洁的餐厅、面带微笑的服务员、随处散发的麦当劳优惠券等消费者所能看见的外在的麦当劳文化，麦当劳创始人雷·克洛克认为，快餐连锁店要想获得成功，必须坚持有特点的企业形象，并持之以恒地贯彻落实，提高企业产品和品牌在国际上的竞争力。

良好的企业形象为企业间的合作、企业的发展奠定良好的基础。在激烈的市场竞争中，企业形象比以往任何时候都更加重要。现代的市场竞争就是一种形象竞争。不良的企业形象则可能给企业造成不利的影响甚至巨大的损失。

探究共享

王先生是一家公司的经理，想寻找一家企业合作开发新产品，经过前期商谈，共有甲、乙两家企业进入候选名单，在正式谈判之前，王先生决定把自己当成一个普通客户到这两家企业实地考察一下。王先生先到了甲公司，发现前厅接待员正在

专题一 习礼仪，讲文明

对着镜子化妆，看到他后理也不理。王先生在公司里随处转了一下，看到的是：有人在交头接耳、叽叽喳喳地聊天，有人在玩QQ游戏，有人甚至在办公室里嗑着瓜子……

王先生进了乙公司后，有一位穿着得体西装的接待人员立刻微笑地迎了上去招呼王先生，询问他有什么需求。当得知王先生想了解公司的产品后，该接待人员立刻为王先生让座，并端来了一杯热茶，热情地向王先生介绍公司的产品。当王先生表示想参观一下公司时，接待员又热情地陪同王先生一边参观一边介绍公司的情况，王先生在公司转了转，发现公司内部窗明几净，员工们穿着工作服正在认真工作，秩序井然……结果可想而知，王先生选择了和乙公司合作开发新产品。

【思考】
1. 王先生为什么选择和乙公司合作？
2. 本案例中，员工的职业礼仪起到怎样的作用？

员工良好的职业形象是打造企业形象、提升企业竞争力的重要方面。一个员工的职业形象和企业形象息息相关。如果每位员工都能做到着装得体、谈吐高雅、知书达理，都能礼貌、热情、宽容、诚信为人服务，就能为企业赢得更多的客户，促进企业的发展，赢得市场。不然，则有损企业形象，失去顾客，失去市场，最终在竞争中处于不利地位。

探究共享

小李中职毕业后到某燃气公司从事售后服务工作。为用户们修理煤气灶时，他严格遵守服务规范：穿着整洁的工作服，头发干净整洁，面带微笑，充满热情。进门前穿好自备的鞋套，进门后热情问好，耐心询问煤气灶的故障；工作时一丝不苟、井井有条，不时为客户讲解注意事项；工作后他把地面打扫干净，并用塑料袋将垃圾带走。小李将职场礼仪演绎为热情礼貌、细致周到的服务，赢得了用户的一片赞誉，并给企业了带来了更多的客户。

【思考】
1. 小李为什么能给企业带来更多的用户？
2. 职业礼仪在其中所起的作用有哪些？

在职业生涯中，注重良好的礼仪，有着重要的作用：

首先，遵守职业礼仪，不仅会增强企业的凝聚力，帮助企业进行良好的社会交往，而且会有效传递信息，最终为提升企业的竞争力起到促进作用。

其次，遵守职业礼仪，我们才能立足社会，立足行业，发展企业，成就自我。

借助礼仪的翅膀，我们在职业的航程中才能飞得更稳、飞得更高，我们的职业生活才能更加地绚丽多彩。

第二课　展示优良的职业风采

专题思考与实践

（1）某公司经理解释为什么要录用一个没有任何人推荐的小伙子时说："他神态自然，服装整洁；进门时蹭掉了脚下带的土，进门后随手轻轻地关上了门；别的人都对我故意放在地上的纸屑视而不见，他很自然地俯身捡起并放在垃圾桶里；回答问题简洁明了，干脆果断。这些难道不都是录取他最好的介绍信吗？"

【思考】
经理指出的"介绍信"中包含了哪些职业礼仪方面的要求？

（2）一个年轻人去郊外的湖边游玩，不知距目的地还有多远，举目四望，见有一老者从远处走来。年轻人大喜，跑过去大声喊道："喂，老头子，这里离湖边还有多远？"老者目不斜视地回答了两个字："五里[①]（无礼）。"年轻人快速地向前走去，走啊走，走了好几个"五里"，却始终没有见到湖的影子。

【思考】
1. 年轻人为什么没有得到真正的答案？
2. 如果是你，会如何向老者请教？
3. 交往礼仪包括哪些内容？
4. 在班内开展一次"我为企业代言"的活动，根据本专业的职业方向，结合相应的职业礼仪，评选出"最佳代言人"。

[①] 1里=0.5千米

专题二 知荣辱，有道德

有道德才能高尚，有修养才能文明，一个社会公民道德水准的高低，在很大程度上决定着一个社会的文明程度。人人皆可为尧舜，做一个有道德的人并非高不可攀。

"知荣辱，有道德"是每个公民不可或缺的意识和责任。社会生活离不开道德。遵守职业道德，树立家庭美德，恪守社会公德，既是对现代公民的要求，又是中职生应遵循的理念。"道德"二字，写起来容易做起来难，需要用心去体会、去践行。我们要学会并坚持运用内省的方法，争取做到"慎独"，要不断地从自我做起，从小事做起，向道德榜样学习，提升自己的道德境界。

文明、道德在我们身边不经意地流露着，只要我们从身边做起，从一点点小事做起，慢慢就会变成一个有道德的人。

第三课 道德规范：人生发展、社会和谐的重要条件

良好的道德可以引导人们去恶向善，可以警示社会惩恶扬善，促进人格完善、人生幸福、家庭和睦、社会和谐。生活因道德而美好，道德是人生发展、社会和谐的基本条件。加强个人品德修养、遵守职业道德、树立家庭美德、恪守社会公德，既是对现代公民的要求，也是中职生应遵循的规则。

一、"修身齐家"——道德促进人生发展

道德是我们每个人都熟悉的字眼，是做人的规矩与根本原则。道德是指由一定的社会经济关系决定，以善恶标准评价，依靠人们的内心信念、社会舆论和传统习惯来维系的，用于调整个人与他人、个人与社会之间关系的原则和规范的总和。道德是人类社会特有的现象，也是社会的重要规范之一。

第三课　道德规范：人生发展、社会和谐的重要条件

走近道德

> 道是万物万法之源，是创造一切的力量，古曰"天道"，今称"真理"，泛指自然规律，既包括宇宙运行的自然规律，又包括人性天然追求的价值。德即"品德""德行"，泛指人类在对"道"即人性价值的认识基础上人为设定的为人品行及标准，是为顺应自然、社会和人类客观需要去做事的行为，不违背自然发展规律，去发展自然、发展社会，提升自己的践行方式。
>
> 道是在承载一切；德是在昭示道的一切。大道无言无形，看不见、听不到、摸不着，只有通过我们的思维意识去认识和感知它；而德是道的具体实例、是道的体现，是我们能看到的心行，是我们通过感知后所进行的行为。因此，如果没有德，我们就不能如此形象地了解道的理念。这就是德与道的关系。

社会生活离不开道德。道德是人类特有的调整人与人、人与社会及人与自然之间关系的行为规范，是以善恶为判断标准的社会准则。隐形的"道"带有天然性、普世性，而显性的"德"则体现了人为性、历史性和阶级性，所以，道德的内容因时代的不同会有所变化。

依据不同的标准，道德可以有不同的分类：

（1）根据时代背景的不同，分为原始社会道德、奴隶社会道德、封建社会道德、资本主义社会道德、社会主义社会道德以及共产主义社会道德等。

（2）根据道德主体的不同，分为学生道德、公务员道德、科技工作者道德、教师道德、医师道德等。

（3）根据道德的性质不同，分为职业道德、家庭美德、社会公德等。

知识链接

道德的特征

道德不同于法律、宗教、纪律等其他各种社会规范，它有自己独有的特征，主要表现在广泛的社会性、鲜明的阶级性、特殊的规范性、影响的传承性等方面。

广泛的社会性：指道德贯彻于人类社会的各个领域，渗透到各种社会关系之中，调整各种人际关系。

鲜明的阶级性：指道德总是在一定的经济基础上产生并为其服务，总是体现统治阶级的意志。

特殊的规范性：指道德通过善和恶、正义和非正义、公正和偏私等道德观念，通过内心信念、社会舆论和传统习惯去约束和评价人们的行为，调整人们之间的相互关系。

影响的传承性：指道德发展变化的速度比较慢，表现出不同时代道德之间的具有影响的关系。

专题二 知荣辱，有道德

"道德"听起来空洞抽象，其实不然。它蕴含在我们做的每一件小事之中，融汇于我们生活的每一天。它实实在在地鞭笞着我们内心的恶念，呼唤着我们做高尚的事，真真切切地影响着我们走向成功的脚步。

探究共享

镜头一：某中职生赵某来自贫困山区。为了供他读书，三个妹妹都忍痛退学。而他在学校期间，却把大量的时间都用在了看小说上。在看了《燕子李三》后，他对主人公走南闯北、劫富济贫的行径十分羡慕，也想学着试一试，便盗窃了当地某商场，最终被发现、抓获。

镜头二：某中职生陈某，先后偷过同班同学书桌里、床铺下的现金100多元，图书馆的参考书、杂志等20多本。在接受处分时，他不以为然地说："我偷这点东西算什么，社会上有的人一转手就能捞到几千元、几万元。"

【思考】
1. 你怎么看待这些行为或言论？
2. 这些言行对人生的发展起到什么作用？

社会主义道德是社会主义精神文明建设的核心内容。它是以马克思主义的科学世界观、人生观和价值观为指导，建立在社会主义生产资料公有制基础上，体现最广大人民根本利益的一种新的道德类型。

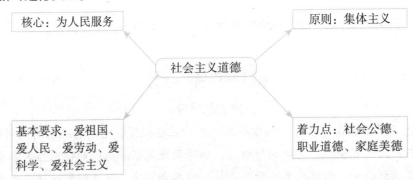

社会主义道德的内容

社会主义道德集中体现了精神文明建设的性质和方向，对社会政治经济社会的发展具有重大的推动作用。

专家点评

（1）弘扬社会主义道德是发展社会主义先进文化的重要内容。
（2）弘扬社会主义道德是贯彻以德治国与依法治国相结合的战略举措。

（3）弘扬社会主义道德是发展社会主义市场经济的客观要求。
（4）弘扬社会主义道德是提高中华民族整体素质的基础工程。

公民道德规范主要由基本道德规范、社会公德规范、职业道德规范和家庭美德规范构成，涵盖了社会生活的各个领域，适用于不同社会群体，是每一个公民都应该遵守的行为准则。

知识链接

公民道德规范基本要求

类别	基本要求
公民基本道德规范	爱国守法、明礼诚信、团结友善、勤俭自强、敬业奉献
社会公德主要规范	文明礼貌、助人为乐、爱护公物、保护环境、遵纪守法
职业道德主要规范	爱岗敬业、诚实守信、办事公道、服务群众、奉献社会
家庭美德主要规范	尊老爱幼、男女平等、夫妻和睦、勤俭持家、邻里团结

理解公民基本道德规范

案海导航

镜头一：在广州市一条不足400米的步行街上，清洁工清理约15千克口香糖。

镜头二：在哈尔滨的中央大街，随处可见斑斑痰迹。

镜头三：在河南信阳，庆祝节日时摆放的鲜花被哄抢、折毁。

镜头四：北京的一次游泳馆水质抽检结果显示，水中尿素含量全部超标。

【思考】
1. 你身边出现过这种事吗？
2. 你知道公民基本道德包括哪些内容吗？
3. 公民遵守基本道德规范的重要性有哪些？

公民基本道德规范是人们在为人处世过程中应该遵循的起码的道德准则，是公民道德规范中最低层次的道德规范。公民道德规范主要由基本道德规范、社会公德规范、职业道德规范和家庭美德规范构成，涵盖了社会生活的各个领域，适用于不同社会群体，是每一个公民都应该遵守的行为准则。

知识链接

公民道德宣传日

经党中央同意，2003年9月11日中央精神文明建设指导委员会决定，将中央印发《公民道德建设实施纲要》的公民道德宣传日9月20日定为"公民道德宣传日"。这一举措已沿袭多年，还将继续延续下去。

设立"公民道德宣传日"的目的是更广泛地动员社会各界关心支持和参与道德建设，使公民道德建设贴近实际、贴近生活、贴近群众，增强针对性和实效性，促进公民道德素质和社会文明程度的提高，为全面建设小康社会奠定良好的思想道德基础。

公民基本道德规范包含爱国守法、明礼诚信、团结友善、勤俭自强、敬业奉献等内容，既有对中华民族传统美德的合理继承，也包含了党领导人民在长期的革命和建设实践中形成的优良传统，反映了社会主义市场经济的客观需要。公民的基本道德规范涵盖社会的每个领域，适用于所有的社会群体。

爱国守法是指我们应牢固树立国家至上的观念，自觉维护国家尊严和利益。我们应自觉学法、知法、守法、护法，维护社会主义法制尊严。

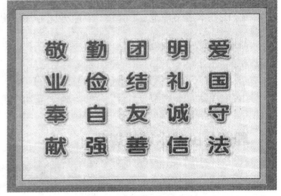

公民道德基本规范

专家点评

爱国作为公民道德规范，基本要求应当包括两个方面：一是牢固树立中华民族的意识和国家利益至上的意识，始终保持对国家的挚爱之情，自觉维护祖国的独立、统一、尊严和利益；二是为把我国建设成为富强、民主、文明的社会主义国家做出自己应有的贡献。守法不仅仅是法律层面的要求，也是道德层面的要求。作为公民道德规范，"守法"强调公民遵守法律，不只是出于对法律的畏惧，更主要是出于对法律的自觉认同。因此，一个有道德的公民，不应当将法律简单地认为是消极的行为规范，而应当积极自觉地学法、懂法、守法、用法和护法。

第三课　道德规范：人生发展、社会和谐的重要条件

明礼诚信是指我们在家庭生活、社会交往和职业工作中应重礼节、讲礼貌、举止文明、讲诚实、守信用、诚心待人、诚信处事，以诚取信于人。

> **专家点评**
>
> "明礼"是人的行为的外在表现，"诚信"是人的内心状态。明礼就是讲究起码的礼节、礼仪和礼貌，无论是在公共场合还是在职业场所和个人家庭生活中，行为举止都要得体、适宜；明礼就是讲文明，特别是注重公共场合言谈举止的文明，如维护公共秩序、不随地吐痰、不乱扔垃圾、不大声喧哗等。"诚信"主要是讲忠诚老实、诚恳待人，以信用取信于人，对他人给予信任。诚信道德规范既是市场经济领域中的基础性行为规范，也是个人与社会、个人与个人之间相互关系的基础性道德规范。

团结友善是指与人相处应学会合作，为目标共同努力；要与人为善，善意待人，友好相处，相互帮助。

> **专家点评**
>
> 团结作为公民道德规范，基本要求是强调在追求共同目标的基础上，公民通过弘扬集体主义精神和团队精神，形成各个行业、各个部门、各个单位、各个人群的凝聚力，最终汇集为全民族、全社会的凝聚力。友善作为公民道德规范，基本内容是友好、友谊、友情、善良、善意、与人为善等。

勤俭自强是指我们应保持勤劳节俭、艰苦朴素的生活作风，发扬自力更生、奋发图强、积极进取的精神。

> **专家点评**
>
> 勤俭作为公民道德规范，与艰苦奋斗的要求是一致的。其基本要求是热爱劳动、勤劳、勤奋、俭朴、节俭。自强作为公民道德规范，基本要求是自尊、自重、自信，不断提升道德境界，努力攀登事业高峰，是中华民族的传统美德。只有自强不息，才能成就事业。

敬业奉献是指我们在自己的工作岗位上，要忠于职守、精益求精、克己奉公、奉献社会。

专家点评

敬业作为公民道德规范，基本要求是有职业责任感和荣誉感，珍惜岗位，忠于职守，具有协作精神，精益求精，掌握良好的职业技能等。奉献作为公民道德规范，有着不同层次的内容，其基本要求是正确对待个人利益和他人利益、社会整体利益的关系，能够先人后己、助人为乐、先公后私、服务公众、服务社会、造福人类等。

公民基本道德规范的颁布与实施，对进一步加强公民道德建设，克服市场经济带来的道德上的各种负面影响，提高全体公民的道德素质，有着极其重要的意义。

弘扬社会公德，践行家庭美德

社会公德是社会生活中最简单、最普通的行为准则，是维持社会公共生活正常、有序、健康进行的最基本条件。因此，社会公德是全体公民在社会交往和公共生活中应该遵循的行为准则，也是作为公民应有的品德操守。《公民道德建设实施纲要》用"文明礼貌，助人为乐、爱护公物、保护环境、遵纪守法"20个字，对社会公德的主要内容作了明确规定。

相关链接

社会公德的主要内容

文明礼貌：指社会公共生活中人与人之间应该和谐相处，举止文明，以礼相待。自觉杜绝说脏话、随便猜疑、欺骗他人等恶习。这是做人的最起码要求。

助人为乐：指在公共生活中，人与人之间应该团结友爱，相互关心，相互帮助。爱人者人恒爱之，信人者人恒信之。在公共生活中，人与人之间应该团结友爱，相互关心，互相帮助。

爱护公物：社会公德中极其重要的内容。热爱公共财产是热爱社会主义的一项重要内容，是热爱祖国、热爱人民和保护社会主义制度的重要体现。

保护环境：讲究公共卫生，保持社会公共生活环境的整洁、舒适，是人身心健康的重要保证，是社会风尚的一个重要方面，也体现出一个民族的文明程度和精神面貌。

遵纪守法：指自觉遵守法律法规、纪律，是社会公德最基本的要求。公共生活中人们要能顺利地进行社会活动，就必须有规矩可循，遵循一定的行为规范。每个社会成员既要遵守国家颁布的有关法律、法规，也要遵守特定公共场所的有关规定。

第三课 道德规范：人生发展、社会和谐的重要条件

社会公德是公民生活最基本的行为规范，是社会生活最起码的道德要求。社会公德具有维护公众利益和公共秩序、保持社会稳定、促进社会稳定、促进社会和谐的作用，是公民个人道德修养和社会文明程度的重要表现。公民的道德水平体现着一个民族的基本素质，反映着一个社会的文明程度，也成为公民个人道德修养的重要表现。

探究共享

出口伤人　　　　　　　　视而不见

为弘扬社会公德，倡导文明新风。某职校在校园内发起"最缺乏公德"行为的调查活动，结果显示下列行为排在前列：

（1）公共卫生习惯差，如随地吐痰、乱丢垃圾，在课桌椅、墙壁上乱涂和乱画等。

（2）违反学校规章制度，如上课迟到、早退甚至旷课，就餐时随意插队等。

（3）学习态度不端正，如考试作弊等。

（4）诚信意识淡薄，如助学贷款久拖不还等。

（5）基础文明行为失范，不能尊老爱幼。

（6）男女生交往时行为有失分寸。

（7）集体主义观念不强，不愿参加集体活动，缺乏集体荣誉感和责任感。

（8）艰苦奋斗精神差，不讲节俭，互相攀比，或有酗酒、抽烟等不良习惯等。

【思考】
结合上面调查结果，谈谈加强社会公德建设的重要性。

加强公民道德建设，是提高全民族文明素质的一项基础性工程。遵守公德，人人有责。我们要自觉遵守社会公德，尊重和关心他人，严格要求自己，从大处着眼，从小处着手，身体力行，并长期坚持，努力使自己成为一个有良好公德意识和文明习惯的好公民。

榜样力量

绑着母亲上班的孝子

作为 2012 年度十大感动中国人物之一的陈斌强，是浙江省磐安县冷水镇中心学校初中语文教师，母亲患有严重老年痴呆症。5 年来，为照顾母亲，家住县城的陈斌强，每周将母亲绑在自己身上，骑着电动车行驶 30 千米，用一个多小时的时间，带着母亲去上班。

每天照顾母亲的生活异常辛苦。陈斌强一天到晚连轴转：晚上 9 时，服侍母亲睡下；凌晨 1 时，准时起床抱母亲上厕所；清晨 5 时，闹钟响起，他要赶在师生之前起床，将母亲房间打扫干净，处理好母亲的大小便；早上 7 时喂过母亲吃饭后，带着母亲去学校，开始一天的工作。

【思考】
1. 在陈斌强身上，你看到了哪些美德？
2. 作为子女，我们应该怎样营造家庭的幸福生活？

家庭是社会的细胞，幸福生活离不开家庭美德。今天，我们倡导的家庭美德规范是公民基本道德规范在家庭生活中的具体表现。其基本要求是尊老爱幼、男女平等、夫妻和睦、勤俭持家、邻里团结。

专家点评

尊老爱幼既是中华民族的优秀道德传统，也是社会主义家庭美德的首要规范。男女平等是家庭民主、夫妻和睦的前提，也是社会进步、道德进步的体现。夫妻和睦要求夫妻之间相互理解、相互尊重、相互忠诚、相互帮助。勤劳和节俭是持家最基本的行为要求，也是应有的道德品质。邻里之间是否团结、和气，既影响着家庭生活的质量，也影响着社区的和谐与安宁。

家庭美德是每个公民在家庭生活中应该遵循的行为准则，是调节家庭内部成员和家庭生活密切相关的人际交往关系的行为规范，涵盖了夫妻、长幼、邻里间的关系。一个人生活得幸福与否，不仅与社会的文明进步程度相关，还与是否拥有一个和睦、温馨的家庭密切相关。

"国是千万家"，家庭是国家的细胞。我们讲究"家和万事兴"，家庭和谐，国家才能安定。从这层道理上看，家庭美德引导、激励家庭成员正确处理家庭关系和邻里关系，有利于每个家庭的幸福美满，有利于和谐社会的形成。我们应当珍视亲情，从我做起，让爱充满自己的家庭，从而维护好这个温暖的"港湾"。

第三课 道德规范：人生发展、社会和谐的重要条件

探究共享

家庭美德歌

夫妻平等要恩爱，孝敬父母要贴心，
婆媳相处要宽容，教育子女要重德，
兄弟姐妹要谦让，亲友邻里要互帮，
持家立业要勤俭，有事共商要民主，
生活文明要守法，社会建设要尽责。

【思考】
1. 你在家中是如何对待自己的父母的，是否符合家庭美德的基本规范？
2. 如果你有做得不好的地方，打算怎么改进？

中职生要孝敬父母，关爱家庭，与邻里和睦相处，学会沟通与协调，正确处理家庭关系和邻里关系，不影响社区的和谐与安宁。建设一个和谐美好的家庭，是每个人的愿望。和美的家，是我们的心灵驿站，能带给我们身心愉悦、情感慰藉，给我们的事业发展以坚实的支撑。

作为未来社会的建设者，要努力践行家庭美德和社会公德的基本内容。做人，就要做一个有道德的人，要做遵守公民基本道德规范、社会公德和家庭美德，具有良好道德修养的好公民。

二、"济世安邦"——道德促使社会和谐

良好道德是建设和谐社会的重要保证。和谐社会是以宽容、理解、尊重、祥和为伦理价值的一种社会发展模式，是一种在最广泛的意义上求得协调、有序的社会发展状态。这样一种社会状态，没有宽容、理解、尊重的伦理精神的支持是难以实现的。建设和谐社会，要求每个公民都应自觉意识到自己是社会和国家的一分子，要懂得合理、合法地使用权利，也需要履行应尽的责任和义务。

增强个人道德修养

案海导航

上海有一家外资企业高薪招聘应届大学生，对学历、外语的要求都很高。应聘的大学生过五关斩六将，到了最后一关——总经理面试。一见面，总经理说："很抱歉，年轻人，我有点急事，要出去10分钟，你们能不能等我？"这仅剩的大学生们都说："没问题，您去吧，我们等您。"经理走后，大学生们闲着没事，围着经理的大写字台看，只见上面文件一叠，信一叠，资料一叠。他们你看一叠，我看一叠，还要发表评论。10分钟后，总经理回来了，他说："面试已经结束了，你们全部没有被录用！"大学生们瞪大眼睛："这是怎么回事呢？面试还没开始呢？"

【思考】
1. 决定大学生们求职失败的原因是什么？
2. 这家公司在招聘时注重什么？这给我们什么启示？

道德对于我们个人的成长、人生事业的成功有着重要作用。一个人道德素养良好，可以减少不利环境和因素的消极影响，变不利为有利；如果缺乏良好的道德素养，再好的环境、再有利的因素也难以对他产生积极的影响。

个人道德修养是道德建设的基础，增强个人道德修养，有助于提升家庭美德、职业道德和社会公德，是奠定全社会道德建设的基石。增强个人道德修养，形成良好的道德品质，有助于保持身心健康，完善自己的人格。

相关链接

在一项关于"影响与周围人群和谐相处的因素"的问卷调查中，排在第一位的是道德修养，第二位是利益，第三位是性格爱好，第四位是文化素质。

良好的个人道德修养的基本要求包括：正直无私、忠诚守信、友爱善良、勇敢进取、敬业好学、勤劳节俭、谦虚谨慎、遵纪守法，文明礼貌等。

提高个人道德修养，有助于明辨是非，避免走弯路、入歧途，从而沿着正确的人生道路前进。

提高个人道德修养，有利于树立积极的职业态度，扎扎实实做好本职工作，从而促进成功。

个人道德修养的好坏直接关系到他平时的为人处世，一个道德修养高的人不仅能够使自己的品位得到提升，更能带动周围的人提高个人的素质，相反，道德修养低的人则会给人留下不好的印象，因此，提高个人道德修养是人生的必修课。中职生只有积极参加道德实践，切实加强道德修养，不断提高道德水平，才能成为德才兼备的职业人，担当起时代赋予我们的责任和使命。

用道德力量催生幸福

相关链接

什么是幸福？
——道德是使人获得幸福的源泉。
——幸福是善的主观体验。
——善的实现即幸福的实现。
——幸福的生活，必然是道德的生活。

人类一直苦苦追寻幸福的真谛。古今中外的思想家通过对人类生活，特别是对幸福人生的总结，得出这样的一个结论：道德是使人获得幸福的源泉。

第三课　道德规范：人生发展、社会和谐的重要条件

探究共享

小美是独生女，家庭富有。想要什么就有什么，每天像小公主一样被大家宠着。可是，她从来没有真正开心过，常常愁眉苦脸，觉得自己不幸福。

一天，一位智者给小美一张纸条，并嘱咐她"只要按照纸条上的这句话去做，就会感到快乐，获得幸福"。小美看过纸条后，做了以下事情：

清晨，当小美看到妈妈睡眼蒙眬地为自己准备早餐时，她走进厨房说："妈妈，今天让我为您准备一顿早餐吧。"

上学出门时，小美对忙着收拾行李准备出差的爸爸说："爸爸，我帮您收拾行李吧。"

上学路上，小美看见一个老奶奶望着来来往往的车辆不敢过马路时，便主动拉起老奶奶的手。

下课了，小美把黑板擦干净，并为老师倒了一杯水放在讲台上。

放学了，小美看见一位同学为一道难题"孤军奋战"，便热情地说："我们一起来研究吧。"

在回家的公共汽车上，小美主动把座位让给了一位抱小孩的乘客。

这一天，小美获得了从未有过的快乐。从父母欣喜的神态、老师欣慰的笑容、同学赞赏的目光、陌生人感激的话语中，她真切地体会到自己是被需要的、是有价值的，这种幸福感温暖着她的心。

【思考】
1. 智者给小美写的那句话是什么？
2. 为什么这一天，小美会获得从未有过的幸福？
3. 你能为他人做什么？

理解幸福的真谛，树立正确的幸福观：单纯的物质享受并不等于幸福，损人利己更不是幸福，真正的幸福是个人幸福与社会幸福的统一。

我们进行道德修养实践不是为了别人，而是为了自己。遵守道德不仅是自己的义务，而且是自己的素质展示，更是自己的价值实现。我们只有不断提升自己的道德修养，践行道德规范，才能得到真正的快乐与幸福。

社会和谐源自人心

要闻回眸

镜头一：2004年年底印度洋突发海啸灾难，一对中年夫妇走进了青岛市红十字会，他们说是要替朋友为印度洋海啸灾区的灾民捐款5万元，当工作人员问其姓名以便开具收据时，他们留下了"微尘"的化名。在青岛市红十字会记录中，"微尘"在"非典"时期捐款两万元，在新疆喀什地震时期捐款五万元，为白血病儿童捐款一万元，向湖南灾区捐款五万元……他们说："人都应该有一颗同情心，自己是一个

很平凡的人，做的事也很微小，就像一粒微不足道的尘埃。我们只想平静地做些该做的事。"

镜头二：2008年的汶川大地震又一次考验了我们社会的道德。在这次灾难中，我们整个国家的年轻人显示了他们良好的道德风貌。无论是废墟上的志愿者、抢险的军人，还是各大城市义捐或献血的年轻人，都是大难当头无私无畏的青年志愿者，与利益无关，与荣誉无关，甚至将生死置之度外。这种责任意识的成长，已经成为一种巨大的精神力量，改变着未来一代的价值观和是非观，进而重塑了中国未来的社会形态。

"微公益"，就是从微不足道的公益事情着手，积少成多，帮助需要帮助的人和事。它不需要你有亿万的身价，也不需要你有强大的社会影响力，只要你尽己所能，奉献出一点爱心，就能汇集成一股强大的社会力量。

【思考】
结合对"微公益"的了解，谈谈志愿服务活动对社会和谐的作用。

塑造一个人与人、人与社会、人与自然和谐的美好世界，需要我们不断地进行自我修炼，提高道德修养。在家里，我们要孝老爱亲；与他人交往，我们要助人为乐，诚实守信；在职业生涯中，我们要敬业奉献……只要从点滴做起，从身边做起，我们就能构建一个人心向善、家庭和睦、人际和顺、社会和谐、世界和平的大美景。

名家金句

人无德不立，国无德不兴。　　　　　　　　　　　　　　　　——谚语
最高的道德就是不断地为人们服务，为人民的爱工作。　　　　——甘地

和谐社会的建设，需要传统道德文化的复兴和教育的深化，需要良好的道德品质的修养。道德贯穿社会生活的各个方面，如社会公德、婚姻家庭道德、职业道德等。它通过确立一定的善恶标准和行为准则，来约束人们的相互关系和个人行为，调节社会关系，并与法律一起对社会生活的正常秩序起保证作用。只有全体公民形成良好的道德素质，才有可能建立起和谐融洽的美好社会。

第四课　职业道德：职场纵横、职业成功的必要保证

人的一生将近一半的时间与职业为伴。职业的发展与成功不仅取决于较强的职业能力，更取决于高尚的职业道德。职业道德是指从事一定职业的人在职业活动中应遵循的具有职业特点的道德要求和行为准则。大量事实说明，职业道德具有调节职业关系、规范职业行为的作用，有助于塑造企业形象、维护企业信誉、促进企业发展，有助于个人健康成长和事业成功。

一、立足本职，提升业务

职业道德须谨记

案海导航

古代的老中医在弟子满师时，总要送给弟子两件礼物——一把雨伞和一盏油灯，意思是训诫弟子为患者治病，要不分昼夜、风雨无阻、一心赴救。

如今，我们知道，医务人员职业道德的具体要求是"全心全意为人民服务，救死扶伤，实行革命的人道主义"，这些要求还应从制度上确定下来，规范所有医务工作者的行为。

【思考】
结合上述材料，说明什么是职业道德，职业道德有什么特点和作用。

职业道德是指从事一定职业的人在职业生活中应当遵循的具有职业特征的道德要求和行为准则。职业道德是道德的重要组成部分，具有行业性、广泛性、实用性、时代性等特点。

职业道德包括职业观念、职业情感、职业理想、职业态度、职业技能、职业良心、职业作风等多方面的内容，涵盖了从业人员与服务对象、职业与职工、职业与职业之间的关系。职业道德既是从业人员在职业活动中的行为要求，同时又是从业人员对社会所应承担的道德责任和义务。要做一个称职的劳动者，首先必须恪守职业道德。

名家金句

如果你是一滴水，你是否滋润了一寸土地；如果你是一缕阳光，你是否照亮了一份黑暗；如果你是一颗螺丝钉，你是否坚守了你的岗位。　　——雷锋

专题二 知荣辱，有道德

职业道德的基本职能是调节职能。一方面，它可以调节从业人员内部的关系，即运用职业道德规范约束职业内部人员的行为，促进职业内部人员的团结与合作；另一方面，它又可以调节职业交往中从业人员和服务对象之间的关系。

探究共享

以"同修仁德，济世养生"为宗旨的北京同仁堂创建于清康熙八年（1669年），由于"配方独特、选料上乘、工艺精湛、疗效显著"，自雍正元年（1721年）起，同仁堂正式供奉清皇宫御药房用药，历经8代皇帝，长达200年。老一辈创业者深知伴君如伴虎，不敢有丝毫怠慢，终于造就了同仁堂人在制药过程中小心谨慎、精益求精的企业精神。在300多年的历史长河中，历代同仁堂人树立了"修合无人见、存心有天知"的自律意识，确保了"同仁堂"这个金字招牌的长盛不衰。

同仁堂作为中国第一个驰名商标，享誉海外。目前，同仁堂商标已经受到国际组织的保护，在世界50多个国家和地区办理了注册登记手续，成为拥有境内、境外两家上市公司的国际知名企业。

【思考】
1. 同仁堂经历300多年不倒的秘密是什么？
2. 职业道德对于企业和行业的发展有何重要的作用？

职业道德有助于维护和提高本行业的信誉。一个行业、一个企业的信誉，也就是它们的形象、信用和声誉，是指企业及其产品与服务在社会公众中的信任程度。提高企业的信誉主要靠产品质量和服务质量，而从业人员良好的职业道德水平是产品质量和服务质量的有效保证。

职业道德有助于提高全社会的道德水平，促进社会主义现代化建设。职业道德是公民道德建设的重要内容。如果人人爱岗敬业、正直诚信、无私奉献，各行各业都认真践行职业道德，就会促进社会道德风貌好转，提升全民族的道德素质水平。

探究共享

镜头一：小李进入一家大酒店上班，第一个月是岗前培训，内容主要是学习酒店管理制度，进行礼仪训练和语言训练，还有摆台、端盘子、报菜名、整理房间……一个月后，她已经熟练地掌握了酒店工作的各种具体要求。

镜头二：眼镜行业规范尚不健全导致竞争无序。某市成立眼镜行业协会，制定了行业自律公约，极好地规范了行业行为，引导眼镜行业走上了公平竞争、有序发展的道路。

镜头三：某市在4 500名出租车司机队伍中开展了"规范职业行为，树立行业形象"百日教育活动，把《公民道

【思考】
结合上述案例，说明职业道德的作用。

德建设实施纲要》与学习本行业的服务守则结合起来，强化道德意识，规范行业道德行为。

职业道德是所有从业人员在从业过程中应该遵循的基本行为准则。培养良好的职业道德，对于提高服务质量、建立人与人之间的和谐关系、落实为人民服务的宗旨、纠正行业的不正之风，都具有其他手段不可替代的作用。在现实社会中，一个人无论从事何种行业，都无高低贵贱之分，都是社会中的从业人员，都是作为社会中的一分子进行活动的，都具有社会意义，同样具有社会责任感、使命感和光荣感。

爱岗敬业要落实

榜样力量

荣获全国第二届道德模范"敬业奉献"称号的李斌，是上海电气液压气动有限公司液压泵厂数控工段工人。

从1980年进厂，他怀着"做工人理当敬业，当主人理应尽责"的朴实信念，刻苦钻研，勇于创新，潜心于技术，专心于岗位，安心于一线。他多年来先后完成新产品开发55项，完成工艺攻关201项，完成加工工艺编程1 500多条，直接创造经济效益830多万元。他自主设计了刀具184把，技术革新、自制改进工装夹具82副，为企业节约支出110多万元，并获得多项专利，从一名技校生成为一位专家型的技术工人，而且是具有工程师和高级技术职称的专家型工人，目前已成为全国同行公认的享受国务院特殊津贴的数控技术应用专家。

【思考】
结合这一事例，说明爱岗敬业对事业发展的意义。

爱岗敬业、诚实守信、办事公道、服务群众、奉献社会是各行各业共同遵守的职业道德基本规范。其中，敬业、诚信是职业道德规范的重点。

中华民族历来有敬业乐群、忠于职守的传统，敬业是中国人民的传统美德。爱岗敬业是社会主义职业道德最基本的要求。爱岗，就是热爱自己的工作岗位，热爱自己的本职工作；敬业，就是以极端负责的态度对待自己的工作。

探究共享

有一种平凡，真的令人感动；
有一种平凡，真的令人尊重；
如小石一粒，奠基巍峨的大厦；

如小草一根，衬托挺拔的青松；
如小花一朵，辉映牡丹的绚丽；
如绿叶一片，簇拥果实的鲜红！
像涓涓小溪，默默地滋润一方土地；
像白云朵朵，浓浓地编织一片彩虹！

这些人，平凡又普通；这些人，真实又谦恭，
他们用抹布，擦拭着心灵的污垢；
他们用汗水，滋润着电机的转动！
干一行、爱一行、钻一行、精一行，
在平凡工作岗位上，做一颗永不生锈的螺丝钉！

【思考】
1. 如何理解这首小诗？
2. 爱岗敬业有什么积极意义？

爱岗敬业反映的是从业人员热爱自己的工作岗位，敬重自己所从事的职业的道德操守。其表现为从业人员勤奋努力、精益求精、尽职尽责的职业行为。

爱岗敬业是平凡的奉献精神，因为它是每个人都可以做到的，而且应该具备的；爱岗敬业是伟大的奉献精神，因为伟大出自平凡，没有平凡的爱岗敬业，就没有伟大的奉献。

专家点评

职业既是谋生的手段，也是人们发挥才干、创造价值的舞台。决定事业成败和成就大小的因素有很多，"爱岗敬业"是最重要的主观因素之一。爱岗敬业的人，能够获得更多的发展机会，获得更大的发展空间，创造更好的工作业绩。

探究共享

"爱岗敬业"宣传画

第四课　职业道德：职场纵横、职业成功的必要保证

【思考】结合某一职业，谈谈对上面"爱岗敬业"宣传画内容的理解。

爱岗敬业可以提高工作效率，增强综合竞争力，促使各行各业更好更快地发展。对自己工作岗位的"爱"，对自己所从事职业的"敬"，既是社会的需要，也是从业者应该自觉遵守的道德要求。职业不仅是个人谋生的手段，也是从业者完成自身社会化的重要条件，是个人实现自我、完善自我不可或缺的舞台。人人爱岗、个个敬业，能够造就一种奋发向上的氛围，有助于形成良好的社会风气，推动社会的全面进步。

爱岗敬业，不仅是一个口号、一个概念，更是一种实际行动。当把敬业变成一种职业习惯时，就能从中学到更多的知识，积累更多的经验，还能在全身心投入工作的过程中找到快乐。因此，爱岗敬业就要做到乐业、勤业、精业。

乐业，要求我们对所从事的工作培养起浓厚的职业兴趣，激发出激烈的崇高感和自豪感，树立起神圣的事业心和责任心，保持乐观向上的工作态度。

勤业，要求我们有忠于职守的工作责任心、认真负责的工作态度和刻苦勤奋的工作精神。忠诚、认真、勤奋是成功的金科玉律，敷衍、马虎、懒惰是成功的最大威胁。

精业，是爱岗敬业的高层次体现。要做到精业，必须不断学习。作为中职生，不仅在校期间要认真学习专业知识和职业技能，掌握过硬的本领，将来走向工作岗位，仍要不断学习，及时掌握新知识、新技术、新工艺和新方法。要做到精业，必须对工作精益求精，追求卓越，不断创新，争创一流。

探究共享

镜头一：小陈在一家快运公司负责送快递，时间一久，他开始厌倦自己的工作。经理建议他换一种方式——用"心"去工作，与客户分享快乐。于是，小陈把一些格言、祝福语、笑话、天气预报等写在纸条上，贴在快件上。客户接过快递时看到这些纸条，都格外高兴，表示感谢，小陈也从中体验到了工作的乐趣。

镜头二：小刘在建筑工地打杂。每天早来晚走，勤奋工作，不管分内分外，有无报酬，整个工地被他收拾得干干净净、井井有条。三个月后，老板让他看管公司并负责材料。小刘更加努力工作，处处留心，认真负责，管理细致到位。一年后，老板把他升为财务主管。

镜头三：全国劳动模范、青岛港桥吊司机许振超成为世界一流桥吊专家，被工友亲切地称为"许大拿"，他的许多拿手绝活令世界同行刮目相看：绝活一是无声响操作；绝活二是一钩准；绝活三是一钩净；绝活四是二次停钩；绝活五是无故障运行。

【思考】
1. 从小陈在工作中挖掘出乐趣的事例,说明乐业的重要性。
2. 小刘是如何做到勤业的?
3. 许振超的事例对我们做到精业有什么启示?

乐业、勤业、精业,三者相辅相成、相得益彰。乐业是一种良好的职业情感,是爱岗敬业的前提;勤业是一种优秀的工作态度,是爱岗敬业的重要体现;精业是一种高超的岗位能力,是爱岗敬业的升华。

我们中职生要理解爱岗敬业的意义,树立爱岗敬业的观念,为以后走上工作岗位,为社会贡献自己的力量打下良好的基础。

二、诚实守信,办事公道

诚实守信讲原则

案例导航

小张从学校毕业后,来到南京的一家企业应聘会计。

经过口试、笔试,最后由企业经理亲自主持面试。他一走进办公室,经理就非常惊讶地说:"是你呀。"经理一下子说出了小张的名字,并紧紧地握住了他的手。

经理兴奋地告诉其他面试人员:去年冬天的一个夜晚,他因喝多了酒,在回家途中跌倒在路边,是这位年轻人救了他。小张愣住了,他不曾有过夜晚背人回家的事,一定是经理认错了人。于是,小张告诉经理,去年冬天他还在北方一座城市读书,这是他第一次来南京。

经理更是拉紧了小张的手:"别不好意思了,我虽然醉了,但我还有印象。"小张急了,说:"您一定是弄错了,我根本就不曾有过背人回家的事。"

经理听了,先是一愣,然后一喜,哈哈一笑说:"企业财会人员需要诚信,你的诚信让你应聘成功了。我祝贺你!"

事后,小张才知道经理根本就没有喝醉酒的事,可是前面的几位应聘人员都承认救过经理一事,所以他们全部被淘汰了。

【思考】
结合上述事例,说明为人处世为什么要讲究诚信。

诚实守信就是忠诚老实,表里如一,言行一致,实事求是,即从业者在职业活动中应该诚实劳动,合法经营,信守承诺,讲求信誉。诚实守信不仅是做人的准则,也是对从业者的道德要求。讲信誉、重信用,忠诚地履行自己承担的义务是每个职业劳动者应有的职业品质。

第四课 职业道德：职场纵横、职业成功的必要保证

要闻回眸

冠生园是一家百年老字号，1918年在上海创立，主营各种食品、糕点，素以"童叟无欺、货真价实"作为经商理念，不但享誉全国，在日、韩等国家都很有口碑。

【思考】
南京冠生园的破产说明了什么？

2001年中秋前夕，中央电视台《新闻30分》节目播出了这样的画面：卖不出去的月饼拉回厂里，刮皮去陷、搅拌、炒制入库冷藏，来年重新出库解冻搅拌，再送上月饼生产线……这家被曝光的企业居然就是赫赫有名的老字号企业——南京冠生园食品有限公司。

节目一播出，南京冠生园的月饼立即变成众矢之的，不仅产品全部滞销，就连与之共享同一品牌的上海冠生园等都受到了严重影响。各地冠生园企业的减产均为50%以上。附近居民感慨道："生意好的时候，提货的车一辆接一辆。如今，说败也就这么败了……" 2002年春节刚过，南京冠生园正式向南京市中级人民法院申请破产。此时，距离曝光还不到半年时间。一个有金字招牌的企业就这样倒下了。

诚实守信不仅是从业者步入职业殿堂的"通行证"，体现着从业者的道德操守和人格力量，也是具体行业立足的基础。缺失了诚信就会失去人们的信任，失去社会的支持，失去发展壮大的机遇。诚实守信作为社会主义职业道德的基本要求，具有很强的现实针对性。

专家点评

一言九鼎，一诺千金，言必信、行必果，金口玉言，都是讲诚信的。古代曾子杀猪取信、商鞅立木为信、季步一诺千金不易的故事成为千古美谈。党的十八大还针对诚信作专门的强调：深入开展道德领域突出问题的专项教育和治理，加强政务诚信、商务诚信、社会诚信和司法公信建设。

诚实守信要求我们做到以下几点：

首先，**要诚信无欺，实事求是**。从业人员要做到诚信无欺，实事求是，不讲空话。对产品的质量宣传要合乎实际，产品广告不能随意吹嘘，应力求做到诚、真、实。只有实事求是，才能做到诚实守信。

其次，**要讲究产品质量和服务质量，重信誉**。产品质量和服务质量直接关系到企业的信誉，影响企业的生存发展。产品质量高，服务质量好，企业的信誉就高，企业就拥有了强大的生命力。相反，产品质量和服务质量低下，会使消费者感觉受到欺骗，企业也就没有信誉可言。因此，要做到诚实守信，必须做到重质量、重服务、重信誉。

最后，要诚实劳动，合法经营。从业者应严格按照每道工序的操作程序去做，做到诚

实劳动，文明生产。从业人员在职业活动中，只有诚实劳动、合法经营，才能维护消费者的利益，从而做到诚实守信。

互动在线

诚信，从我做起：
（1）上课或集会做到准时参加。
（2）答应朋友的事情，不会轻易失约。
（3）诚信、健康上网，不浏览不良信息。
（4）当向父母保证不让他们失望时，就努力做到。
（5）与人真诚交往，不撒谎，不欺骗他人。
（6）上无人售票车，先准备好零钱，上车自觉投币或主动刷卡。

……

俗话说："精诚所至，金石为开。"真诚是打开人们心灵的神奇钥匙。在人际交往中，只有真诚待人，才能与人建立和保持友好的关系；只有诚信，才能赢得别人的信任。因此，我们中职生应该从现在开始树立"言而有信，无信不立"的观念，养成诚实守信的好习惯。

办事公道不偏私

榜样力量

山东省菏泽市检察院副检察长、菏泽市牡丹区检察院检察长张敬艳被评为2015年"最美人物——群众最喜爱的检察官"，他在基层工作30多年，深受老百姓的喜爱，因为他坚持办事公道。他始终为民办事，公正执法；坚持原则，不徇私情；查处案件，绝不手软。

所谓办事公道，是指从业人员在办理事情、处理问题时，要站在公正的立场上，按照同一标准和同一原则办事，这是职业道德的基本准则。办事公道就是要求从业人员在职业活动中做到公平、公正、公道，不谋私利，不徇私情，不以权谋私，不以私害民，不假公济私。

专家点评

"直不过线，平不过水"和"人正不怕影斜、脚正不怕鞋歪"，都是赞扬公道正直的。现实生活中，父母教育孩子做一个正直的人，老师教育学生成为一个正直的人；在企业中，公司总是引导员工堂堂正正做人，兢兢业业做事；在社会生活中，政府利用各种方式进行宣传，引导公民遵纪守法，正派做人，正当做事。

办事公道的基本要求包括以下几个方面：

（1）要遵纪守法、坚持原则。它要求从业者按照国家法律法规，按照职业纪律和规章行使职业权利，履行职业义务。遵纪守法、坚持原则是一切从业者必须具有的最基本的道德品质。只有做到遵纪守法、坚持原则，才能做到办事公道。

（2）要热爱真理、追求正义。办事是否公道关系到一个以什么为衡量标准的问题：要办事公道就要以科学真理为标准，要有正确的是非观。公道就是要合乎公认的道理，合乎正义。不追求真理、不追求正义的人办事很难会合乎公道。

（3）要坚持照章办事、平等待人。照章办事、严等待人是衡量从业者职业道德水平的重要标准。从业人员的职业道德水平如何，一个重要方面就是看他是否能按照规章制度办事。从业者必须对自己的服务对象一视同仁、公正对待，不论职位高低、关系亲疏，一律照章办事，平等待人既是职业纪律的要求，也是办事公道的最基本要求。

办事公道，坚持原则，不徇私情，就必然会受到来自各个方面的压力，会碰到各种干扰，特别是会碰上那些不讲原则、不奉公守法的有权有势者的干扰。我们要采取灵活策略，不计个人得失，不畏权势，坚持公道处世。

专家点评

把诚实守信、办事公道的美德发扬光大：
表现在工作和学习上，就是专心致志，认真踏实，实事求是；
表现在与人交往中，就是真诚待人，互相信赖；
表现在对待国家和集体的态度上，就是奉公守法，忠诚老实。

我们中职生不但要自己做到诚实守信、办事公道，还要积极营造诚实守信、办事公道的社会氛围。要鄙视背信弃义、弄虚作假、自私自利、徇私枉法等丑恶现象，以自身行动为社会风气的点滴改进做出贡献。

三、服务群众，奉献社会

服务群众作宗旨

榜样力量

一个人，一匹马，一条路。

27年，乡村邮递员王顺友在高山峡谷间送邮行程达26万千米，相当于21个"万里长征"。

27年，他没有延误过一个班期，没有丢失过一份邮件，投递准确率为100%。

为了保护邮包,他曾纵身跳入齐腰深的江水,也曾与歹徒搏斗。

他,温和质朴,干一行,爱一行,钻一行,精一行,把生命中壮丽的青春无私无求、无怨无悔地奉献给邮政事业,在平凡中铸造伟大,在普通中彰显崇高。王顺友用实际行动践行着"为人民服务不算苦,再苦再累都幸福"的人生信条。

王顺友

【思考】
1. 王顺友是如何理解邮政工作的意义的?
2. 服务群众、奉献社会对从业者有什么要求?

服务群众就是为人民群众服务。服务群众指出了我们的职业与人民群众的关系,指出了我们工作的主要服务对象是人民群众,指出了我们应当依靠人民群众,时时刻刻为群众着想,急群众所急,忧群众所忧,乐群众所乐。

探究共享

镜头一:甲说:"我毕业后要去企业当工人,既不是超市服务员,也不是酒店服务员,因此,服务与我无关!"

镜头二:乙说:"我上班挣钱,天经地义,没有奉献的义务。"

【思考】你赞成哪种观点?为什么?

有人一听到"服务"一词,立即就想到与服务行业有关的工作,其实,这是对服务内涵的片面理解。服务既是一种满足他人需要的活动,更体现了一种人与人之间相互服务的关系。每个人都是在提供服务的同时享受着他人提供的服务,从一定意义上来说,工作就是人与人之间的服务。

人们在社会中从事着各种不同的职业。职业的本质是为人民服务。在我国,每个社会主义劳动者和建设者都在为社会、为他人同时也是为自己工作,即"我为人人,人人为我"。

榜样力量

蒋敏,女,民族为羌族,1980年9月出生,中共党员,2001年8月参加公安工作,四川彭州市公安局政工监督室民警,三级警司。在汶川抗震救灾斗争中,蒋敏在惊悉母亲、女儿等10名亲人不幸遇难的噩耗时,强忍失去亲人的巨大悲痛,毅然坚守工作岗位,日夜奋战在抗震救灾第一线,积极投身抢救受伤群众、安

蒋 敏

置灾民生活等工作中，为保卫人民群众生命财产安全、维护灾区社会治安稳定做出了突出贡献。因连续奋战劳累过度，蒋敏同志身体极度虚弱，多次昏倒在抢险救援现场。蒋敏同志的先进事迹，充分体现了"人民公安为人民"的政治本色和"心系群众，忠于职守，无私奉献"的新时期人民警察精神。

首先，我们要树立全心全意为人民服务的思想。作为从业人员，树立服务群众的观念十分必要：是否具有为人民服务的思想，主要表现为心中是否时时有群众，是否始终把人民的利益放在心上。想问题、做事情，要把人民群众的安危冷暖放在心上，关心群众疾苦，努力为群众办实事、办好事。

其次，要做到真心对待群众，尊重群众。每个从业人员无论做任何事情，都要想到群众，关心群众的利益，实实在在地为群众服务；另外，还要尊重群众，只有尊重群众才能解群众所思、所想、所需，才能真正做到服务群众。

最后，要做到方便群众，为群众谋福利。服务群众是件实实在在的事，每个从业人员都要根据实际情况为群众提供方便，实实在在地为群众做实事。

奉献社会存公心

要闻回眸

唐山十三兄弟

2008年，河北唐山玉田县13位农民兄弟，感动了13多亿中国人。

隆冬时节，一场罕见的冰雪灾害袭击我国南方，13位农民兄弟在除夕之夜悄悄踏上千里驰援灾区之路。当他们的身影出现在冰雪中的孤城湖南郴州时，全中国人的视线都被他们吸引，全中国人的心都被他们的义举感动。

唐山十三兄弟

几个月后，四川汶川大地震发生，刚刚洗去抗冰抢险征尘的他们，又出现在北川抗震救灾第一线。与此同时，全国约有20万名志愿者赶往灾区。有人指出，这次大地震引发的新中国历史上空前规模的志愿者行动，与年初以宋志永为代表的"十三义士"赴湘救灾、无私奉献的志愿行动有着密切的联系。

【思考】
1. 唐山十三兄弟是如何在奉献中实现自己人生价值的？
2. 唐山十三兄弟的义举引发了空前规模的志愿者活动，你有没有受到震撼？

奉献社会就是全心全意为社会做贡献，是为人民服务精神的最高体现，是社会主义职业道德的最高要求。它要求从事各种职业的人，努力多为社会做贡献，为社会整体长远的利益，不惜牺牲个人的利益。

奉献社会是职业道德的重要特征之一，主要体现在：一是自觉为他人和社会贡献力量，为社会利益而积极劳动；二是有热心为社会服务的责任感，充分发挥主动性、创造性；三是不为私利报酬，有一种自觉精神和奉献意识。奉献精神是一种高尚的社会主义道德规范和要求。

名家金句

人的价值，应当看他贡献了什么，而不应看他取得什么。——爱因斯坦

做一个给别人带来光明又无私奉献自己一切力量的人，才是人生最大的幸福，只有在这时，人才能获得这样的幸福。——捷尔任斯基

奉献社会的基本要求就是要坚持把公众利益、社会效益摆在第一位，这是每个从业者职业行为的宗旨和归宿。

首先，要认真做好本职工作。一个人只有认真做好本职工作，才能为社会贡献力量，为社会创造财富。

其次，要正确处理好"义"与"利"的关系，处理好社会效益和经济效益的关系，处理好个人利益和单位利益、个人利益和社会效益的关系，把奉献社会的职业道德规范落到实处。

最后，要有高度的社会责任感，热爱社会。

相关链接

《爱的奉献》歌词

这是心的呼唤，这是爱的奉献，这是人间的春风，这是生命的源泉；在没有心的沙漠，在没有爱的荒原，死神也望而却步，幸福之花处处开遍。啊！只要人人都献出一点爱，世界将变成美好的人间！

爱的奉献事例（一）　　　　爱的奉献事例（二）

我们中职生要树立为人民服务的思想，坚持把集体的利益放在第一位，掌握并遵守职业道德基本规范和行业职业道德规范，立足岗位，服务群众，奉献社会，实现自己的人生价值。

第五课　优良习惯：行业道德、行业风纪的必备要求

我们感受到了道德的力量，了解了道德的规范，但这些只是道德给我们带来的外部体验，那么这些外在的东西如何成为我们的自觉行为呢？那就要求我们通过这些感受和体验激励自己提升道德境界，养成良好的习惯，尤其是职业道德习惯。学会慎独、学会内省，掌握道德修养的基本方法，提升自我道德层次，在纷繁芜杂的社会中保持内心的纯洁，坚持高尚的气节，端正职业行为，倡导优良的行风行纪，求善求真，做人敬人爱的人。

一、提升职业道德境界

职业道德须养成

案例导航

小周和小夏毕业于同一所技校的旅游服务专业，又在同一家酒店上班，做同样的工作。小周在学校时就能严格按照职业道德的要求去做，工作后，严格遵守酒店的各项规章制度，身体力行地完成岗位规范，工作扎扎实实，业务日益纯熟，业绩连年创优，很快成为业务骨干，三年后被提升为部门主管。小夏在校时就很排斥各种道德规范，认为规矩太多，扼杀了自己的个性，约束了自己的自由。参加工作后总是马马虎虎，大大咧咧，经常出一些小差错，有一次还差点酿成事故，同事对他很有意见，领导多次批评无效，只好将他辞退。

【思考】
1. 上述材料中，小周和小夏在公司表现不同，结果也不一样，为什么？
2. 在校时，小周和小夏所接受的道德教育是基本相同的，为什么他们表现出来的道德境界不一样？
3. 从小周和小夏的经历，谈谈职业道德养成对中职生的成长有何作用。

职业道德的养成训练对于谋职就业与职业生涯发展有着重要意义。它有助于提高职业人的全面素质，有利于提高人的综合素质，有利于促进事业的发展，有利于实现人生价值，有利于抵制不正之风。

专家提醒

中职生在日常生活中加强职业道德养成训练,特别需要从以下方面着手:

(1)规范衣着打扮。企业一般对员工的着装、化妆都有统一规范和要求,如果在学校已养成规范着装的习惯,就能很好地适应企业的要求。

(2)遵守作息时间。上学时迟到、早退,甚至旷课,可能只需和老师说明理由就可以了,后果不太严重。但是在企业,我们的不守时可能会给其带来巨大的经济损失或声誉损失,也可能会使自己失去工作。

(3)言行举止文明。在生活中要养成使用文明语言的习惯,与人见面问声"好",请人帮忙道声"谢"。文明举止是企业对员工的基本要求,如果我们能在学校遵守,到企业也会自觉遵守。

(4)乐于助人。在学校生活中,主动帮助同学,营造团结互助、相互关心的班级氛围,有利于将来尽快适应企业团结协作、互帮互助的环境。

(5)掌握专业技能规范。在专业学习过程中,需要认真学习专业技能规范与技能要求,形成安全意识、法制意识。一切操作都严格按照要求进行,即使是最小的细节也不能忽视。

(6)主动学习行业规范。各行业都有自己的职业道德要求,在我们尚未进入企业的时候,要主动学习和掌握相关行业的职业道德规范,并自觉在日常生活、专业学习中运用。

中职生在校期间就要重视职业道德行为的养成,为日后形成良好的职业道德行为习惯、在事业上取得成功奠定基础。但良好的职业习惯不会自己形成,我们还需要进行长期、艰苦的养成训练,而且需要从现在开始。

慎独——因自制而优秀

案海导航

镜头一:实习生小李在某家酒店做服务生,在给客人摆碗筷操作中一不小心把筷子碰掉了地上,尽管客人没有看到,她还是决定更换一双筷子。

镜头二:小赵在单位值班时,睡着了,被领导发现并被罚款100元,做出书面检讨。事后,小赵非但不认真反思自己的问题,反而认为自己被抓是运气不好,还埋怨领导不近人情。

【思考】
1. 你赞同谁的做法?为什么?
2. 结合事例,说明慎独在职业道德养成中的作用。

慎独是指在没有外界监督的情况下,即使独自一人也能自觉遵守道德规范,不做对国家、社会和他人不道德的事。慎独强调自律,即在道德上自我约束。

第五课　优良习惯：行业道德、行业风纪的必备要求

知识链接

"慎"就是小心谨慎、随时戒备；"独"就是独处，独自行事。意思是说，严格控制自己的欲望，不靠别人监督，自觉控制自己的欲望。

慎独是古代儒家创造出来的独具特色的自我修身方法，出自《礼记·中庸》："道也者，不可须臾离也，可离非道也。是故君子戒慎乎其所不睹，恐惧乎其所不闻。莫见乎隐，莫显乎微。故君子慎其独也。"意思是说，做人的道德原则是时时处处也不能离开的。"君子"在别人看不见的时候，总是非常谨慎，在别人听不见的时候，总是十分警惕。

慎独作为一种自我修养的方法，一方面，能坚定人的道德信念，促使从业者以更积极、更主动、更自觉的心态，遵守道德规范；另一方面，强调在隐蔽处下功夫，方法切实可行。

探究共享

学校对各班级推出"新政"——设立上课预备铃声后学生们自觉将"手机入袋"。消息传出后，赞成者有之，反对者有之。

赞成者：这是考验自觉地时刻到了。

反对者：这不是放任不自觉行为吗？

【思考】
1. 你赞成谁的观点？
2. 这个方法切实可行吗？为什么？

慎独是职业道德修养的一种境界，能不能做到慎独，以及能在多大程度上做到慎独，是衡量人们职业道德修养水平高低的重要尺度。

相关链接

小董是某购物网站的线下配送员工，他精通商品配送的知识和流程，熟悉自己所负责地区的家庭状况和主要配送单位的地理位置，每次配送商品既准确又快速，业务量在公司总是名列前茅，经常受到表扬。但是有一次他犯了一个严重的错误。在一次促销活动中，公司实施了包邮措施，但是顾客不清楚，又付给小董10元送货费，小董觉得不会有人注意这件事，就将10元钱装进了自己的口袋。但是过了几天，公司就接到了顾客的投诉，事后，小董不仅代表公司登门道歉，将送货费还给顾客，还被扣除当月奖金，并受到了公司的严厉批评。

中职生应做到慎独，对自己要严格要求，不能无原则地自己原谅自己，不能自欺欺人，要将不健康的欲望消灭在萌芽状态，这就是慎独。要在说话、行事之前多一个"慎"字，

要思虑周详，小心谨慎，事无巨细地考虑周到。为此，凡事应该三思而行，应该慎而思之、勤而行之。总之，慎独要求人们有高度的道德觉悟和自律意识，如果真正做到并坚持慎独，有助于完善个人的道德人格，提升个人的道德境界，变得更加优秀。

内省——因反思而进步

案海导航

某公司领导要求员工每天下班后反思四个问题，并交流心得：
（1）今天我对自己最满意的表现是什么？
（2）今天我的工作有失误吗？
（3）我的失误给公司、顾客以及自己带来了什么影响？
（4）明天我会在哪些方面有所改进？

【思考】
1. 什么是"内省"？
2. "内省"对于加强员工的职业道德素养有什么作用？

内省就是内心的自我反省，使自己的思想和言行符合道德标准的要求。内省是中国古代思想家提高自身修养的重要方法，也是中华民族优良传统的重要组成部分。

内省是正确认识自己的重要途径。要做到内省，一要严于解剖自己，善于认识自己，客观地看待自己，勇于正视自己的缺点，并善于激发和培育积极、健康的道德情感；二要敢于自我批评、自我检讨；三要有决心改进自己的缺点，扬长避短，立足于日常生活实践和岗位实践，坚持不懈，不断完善自己的道德品质。

相关链接

周恩来的修养要则：
（1）加紧学习，抓住中心，宁精毋杂，宁专毋多；
（2）努力工作，要有计划，有重点，有条理；
（3）习做合一，要注意时间、空间和条件，使之配合适当，要注意检讨和整理，要有发现和创造；
（4）要与一切不正确的思想意识做坚决的斗争；
（5）适当发扬自己的长处，具体纠正自己的短处；
（6）永远不与群众隔离，向群众学习，并帮助他们，过集体生活，注意调研，遵守纪律；
（7）健全身体，保持合理的生活规律，这是自我修养的物质基础。

内省不是纯粹的个人心理活动，必须与岗位实践相结合，内省的道德评价标准必须依据职业道德规范，内省活动必须指向自己所从事的岗位实践活动。内省中发现的问题也必须在未来的岗位实践活动中加以解决，它是一个长期的、经年累月不断积累的过程，必须

第五课 优良习惯:行业道德、行业风纪的必备要求

天天坚持,时日既久,方见实效。

互动在线

现在,让我们静下心来,认真地进行一次自省:

对于自己最近的思想、语言和行为,哪些地方做得好?哪些地方做得不好?

因为自己的错误给哪些人带来伤害?带来怎样的伤害?

针对自己存在的问题提出哪些改进意见?

【思考】描述一下自己在自省过程中的心理和情感方面的感受。

善自省者明,善自律者强!中职生一定要经常进行自省,时刻保持清醒的头脑,学会慎独,增强自律自制能力,锻炼坚韧顽强的意志,不断提升自身的道德境界。

二、培养职业行为习惯

见贤思齐——榜样显力量

案海导航

李素丽曾任北京市公交总公司公汽一公司第一运营分公司21路公共汽车售票员。她自1981年参加工作后,在平凡的岗位上,把"全心全意为人民服务"作为自己的座右铭,真诚、热情地为乘客服务,被誉为"老人的拐杖,盲人的眼睛,外地人的向导,病人的护士,群众的贴心人"。她认真学习英语、哑语,并努力钻研心理学、语言学,利用业余时间走访、熟悉不同地理环境,潜心研究各种乘客的心理和要求,有针对性地为不同乘客提供满意周到的服务。她曾获"全国'三八'红旗手"等荣誉称号,是全国人民学习的榜样。

李素丽

【思考】我们应该从哪些方面向李素丽学习?

每个人都有自己崇拜的职业道德榜样,每个行业和企业也都有自己树立的道德楷模。道德榜样就是具有崇高的道德理想和道德境界、高尚的道德人格和道德品质、巨大的道德魅力和强烈道德吸引力的先进人物。

榜样的力量是无穷的。我们每个人都从先进人物身上学到过好思想、好作风,吸收过营养和力量。我们中职生要找好自己的职业道德榜样,在向他们学习的过程中培养良好的职业行为习惯。

相关链接

榜样与偶像的区别

榜样：以人的教育和终身发展为出发点。
偶像：以经济利益和市场利益为出发点。

榜样：有很大的教育性，能激励一个人不断地努力进取。
偶像：有很大的娱乐性，刺激就好。

学习职业道德榜样，一是要善于发现榜样，正确选择榜样。要准确把握榜样体现出来的道德内涵，要把榜样的精神内化为我们内心深处的道德信念和意志，进而转化为克服困难的决心与动力。二是要与工作岗位相结合，把学习榜样的愿望转化成实实在在的工作业绩。

专家点评

在人类历史上，那些以国家富强、民族独立、人民幸福为己任的政治领袖，那些德艺双馨的文化精英，那些爱岗敬业、自强不息、在平凡岗位上做出非凡业绩的普通劳动者和管理者都是我们尊崇的道德榜样。

见贤思齐，学习先进，可以净化心灵，丰富文化涵养，提升道德境界。我们中职生要善于发现道德榜样，准确把握榜样所体现出来的道德内涵，把学习榜样的愿望转化成自己的学习和工作业绩。

以小见大——细处见真章

案海导航

小林在一家百货公司做营业员，她的柜台前有一个不起眼的台阶，时常有顾客经过时不小心被绊到。因此，每当有顾客经过时，小林总是善意地提醒一句："请小心台阶。"一天，公司老总巡视，小林习惯性地提醒"请小心台阶"，老总听了，脸上露出赞赏的微笑。很快小林因工作表现突出被提升为柜台组长。原来获得赏识如此简单。

【思考】
你认为小林获得赏识的原因是什么？对我们有何启示？

一切美德都蕴含在平凡小事之中。积久成习，良好的道德行为习惯的养成是一个循序渐进的过程；积善成德，高尚道德品格的养成是一个渐渐提高的过程。

第五课　优良习惯：行业道德、行业风纪的必备要求

知识链接

有这样一个故事：有人对一只小闹钟说："你一年要重复不停地'嘀嗒'三千多万次，你能忍受这种枯燥乏味的生活吗？"小闹钟听后十分沮丧。一只老怀表对小闹钟说："不要只想着一年怎么'嘀嗒'三千多万次，只要坚持每秒'嘀嗒'一次就行了。"于是，小闹钟按照老怀表说的去做。一年过去了，小闹钟顺利完成了"嘀嗒"三千多万次的任务，变得更加成熟和坚强。

这个故事给我们的启示是：凡事要坚持从小事做起，不要急于求成，不要被困难吓倒，要认真对待每一天，相信只要坚持做好一点一滴的事，距离成功的目标一定会越来越近。

人要成就大事，首先要从小事做起，"勿以恶小而为之，勿以善小而不为。"好的行为习惯的养成就要从小事做起，只有长期坚持做好小事，才能够成就伟大的事业。对中职生而言，日常行为习惯的养成贯穿于在校生活的全过程，必须从一点一滴做起，长期坚持，方能取得实效。

人要成就大事，就要从自我做起，自觉养成良好习惯。要成为一个有职业道德的人，就要从我做起，严格要求自己，不能因为他人没有做到自己也不去做，要切实按照道德规范来衡量自己的言行。

专家点评

在工作中，我们会看到，有人迟到了，有人在工作时间接打私人电话，有人会把工料随手乱放，有人下班前没有整理好自己的工位等，这些虽然是小事，却能折射出一个人的道德水平。坚持把简单的事情做好就是不简单，坚持把每一件小事做好就会成就大事，在没人监督的时候坚持按照道德要求做事就是了不起的行为。

细节决定成败，小处不可随便，失之小节，也许是酿成大错的开始。道德学习和修养，必须立足于岗位，脚踏实地，从我做起，从现在做起；从点滴小事做起，把每个细节做好。

身体力行——坚持方成器

案海导航

自学成才的测井高级技师——褚霞光

褚霞光是1973年高中毕业后到大庆油田的，现在测井公司地球物理测井研究与开发中心从事测井仪器机械设计工作，是一名能够独立承担测井仪器和实验装置机

械设计的测井高级技师。30多年来,她凭着自尊、自信、自强、自立的信念,利用工作之余自学了大庆石油学院化工与石油机械工程专业的15门课程,使自己的专业理论水平得到了提高。在技术创新的道路上她不懈追求,一次又一次完成了重大科研任务,为测井技术的发展,大庆油田高产、稳产和持续发展做出了贡献。

从1979年至今,褚霞光共参加了30多项科研项目的研究工作,独立承担并完成了30多套测井仪器和实验装置的机械设计及外协加工工作,共取得国家发明专利3项,石油天然气总公司科技进步奖1项,大庆石油管理局科技进步奖10项,重大技术革新奖4项,并有两篇论文获黑龙江省石油测井学会优秀科技论文一、二等奖。为此,褚霞光曾多次获得公司和管理局标兵、有突出贡献的科技工作者、岗位技术能手等荣誉称号。

褚霞光的努力和付出得到了社会的肯定,也获得了很高的荣誉。她的成功告诉我们:只要努力,技术工人一样大有作为。

【思考】
1. 从职业道德养成的角度看,褚霞光的事例给我们什么启示?
2. 为了培养自己的职业道德,你会怎么做?

实践是职业道德养成的根本途径。我们要注意在实践中培养良好的职业道德品质,形成良好的职业道德和职业行为习惯。

离开实践,从业人员既无法深刻领会职业道德的内涵,也无法将职业道德品质和专业技能转化为造福人民、奉献社会的实际行动。我们中职生要努力参加社会实践,强化良好的职业行为习惯。

探究共享

学生对学生们进行入学前军训,培养良好的行为习惯

学校高铁民航专业的学生在专业学习中培养良好的行为习惯

【思考】结合图中内容,说明如何养成良好的职业道德与职业行为习惯。

第五课　优良习惯：行业道德、行业风纪的必备要求

为了提高自己的职业道德修养，我们必须努力参加社会实践，培养职业感情。广大中职生的学习通常是在课堂和实验室进行的，因此对职业了解很少。参加实践活动对接触社会较少的学生有很大的实际意义。通过参加社会实践活动，能达到认识职业、走进职业、训练职业技能和培养职业感情的目的。有关部门及学校社团组织的"便民服务""青年志愿者"等活动，中职生要积极参加。

为了提高自己的职业道德修养，我们必须学做结合，知行统一。知行统一是中国传统道德理论的重要思想："知"就是学习，是在职业活动中经过总结经验和教训而获得的正确认识。"行"就是实践，是人们改造客观世界的一切活动。我们要把所学和所做结合起来，把学到的职业道德知识和规范运用到实践中去，以正确的职业道德观念指导自己的实践，做到理论联系实际、知行统一。

专家点评

每一种职业，都对其从业人员的职业道德和职业行为提出了特定的要求。在校学习期间，专业学习和实习是中职生接受职业道德和职业行为训练的主要途径；到企业顶岗实习，是熟悉和适应岗位需要的有效途径；毕业后到企业工作，要进一步适应特定岗位的行为要求，并通过集中、强化训练，尽快养成良好的职业道德和职业行为习惯。

培养良好的职业行为习惯要坚持力行、积累。学习、了解职业道德知识，目的是更好地"行"。因此，按照良好的职业行为习惯要求去身体力行，是培养良好的职业行为习惯的一个重要途径。俗话说："说千道万，不如一干。"只有去践行职业道德，不断积累，才有实际效果。良好的职业行为习惯的养成，不是一朝一夕的事，它需要一个长期的过程。不管遇到什么样的困难，只有不断坚持，才能最终出成果。

专题思考与实践

1. 张三和李四一起进入同一家酒店实习。培训结束后，两人被分到客房部做楼层服务员。一个月后，实习指导老师收到了酒店人事部对他们的评价。

张三：态度端正，勤奋好学，工作中积极主动，任劳任怨，对待客人热情礼貌，服务周到，与同事相处融洽，已经熟练掌握了专业技能，酒店将他作为重点培养对象。

李四：工作时没有摆正心态，总认为服务员低

【思考】
（1）案例中，张三和李四在践行职业道德方面谁做得好？
（2）中职生为什么要学习职业道德规范？
（3）中职生在校期间应该怎样践行职业道德？

人一等，偷懒耍滑，不能吃苦，对待客人缺乏耐心，专业技术较差，本次实习成绩不合格。

2. 开学第一天，古希腊大哲学家苏格拉底对学生们说："今天咱们只学一件最简单也是最容易做的事儿。每人把胳膊尽量往前甩，然后再尽量往后甩。"说着，苏格拉底示范了一遍。"从今天开始，每天做300下。大家能做到吗？"

学生们都笑了：这么简单的事，有什么做不到的？过了一个月，苏格拉底问学生们："每天甩手300下，哪些同学坚持了？"有90%的同学骄傲地举起了手。

又过了一个月，苏格拉底又问，这回，坚持下来的学生只剩下八成。

一年过后，苏格拉底再一次问大家："请告诉我，最简单的甩手运动，还有哪几位同学坚持了？"这时，整个教室里，只有一人举起了手。这个学生就是后来成为古希腊另一位大哲学家的柏拉图。

3. 开展班级教导会，就以下话题进行探讨：自己理想的职业对从业人员在职业道德方面有哪些要求？自己的差距在哪里？怎么做才能缩小这些差距？

【思考】

从职业道德养成的角度，谈谈你的感悟。

专题三　弘扬法治精神，当好国家公民

道德和法律从来就不是割裂的，法律是道德的底线，拥有对法律的信仰本身也是一种道德。

道德规范是依靠人们的内心信念、社会舆论和传统习惯来维系的，并没有显性的强制性标准，更多地表现为群众的内心共识，但法律属于底线道德，一经突破则社会公义不存，因此必须由国家力量予以保障。作为一名社会主义国家公民，我们不仅要提升自我的道德水准，也要提高自身的法律素养。

为此，我们首先应该树立规则意识和遵纪守法意识，树立社会主义法治理念，深入理解依法治国方略，学习宪法、实施宪法，增强公民意识，在宪法和法律的框架内依法定程序处理问题和纠纷，学法、守法、用法，依法维权。

第六课　理解法治真谛，弘扬法治精神

法是一种人们普遍尊崇的"公平正义"的行为准则，上升为国家制定和保证实施的行为规范。法治强调"法律至上"，即法律在社会系统中居于最高的地位并具有最高的权威，任何组织和个人都不能凌驾于法律之上。我国实行依法治国，崇尚社会主义法治理念，这要求我们一定要有规则意识、法纪意识，自觉遵守法律法规的同时，也应具备法律面前人人平等的思想。

一、遵纪守法

走近法律

汉字"法"的古体为"灋"，该字左偏旁三点水取义"公平"，右边的"廌"(zhì)字是一种独角兽，天生具有明辨是非的能力，会用独角顶理亏的人，取义"正义"。均布是古代用竹管或金属管制成的定音仪器。把法律一词中的"律"比作均布，说明"律"有规范人们行为的作用，是人们必须遵守的行为规范。

罗马众神中有位左手持天平，右手持长剑，眼睛用布蒙着的女神，就是掌管公平正义的正义女神 Justitia，她一手提着天平，用它衡量法；另一只手握着剑，用它

维护法。剑如果不带着天平，就是赤裸裸的暴力；天平如果不带着剑，就意味着软弱无力，只有在正义之神操剑的力量和掌秤的技巧并驾齐驱的时候，一种完满的法治状态才会形成。

正义女神

独角兽

探究共享

水和神兽、天平和宝剑，说明无论在东方还是西方，人们认定法律的宗旨就是实现公平正义。但东西方对公平正义的理解却有差异。请思考一下，中国神兽眼睛睁得像铜铃，正义女神却为什么要用布蒙着眼睛？

自古以来，人们就希望通过法律去追求公平和正义，于是，法律就成了判断是非曲直的标准。法律维护社会公平，有利于促使社会合作不断延续和取得成功，促进良好人际关系形成与社会和谐发展，维护社会长治久安。法律维护社会正义，有利于促进人类社会的进步和发展，维护公共利益和他人的正当权益。但怎样的法律才能体现公平正义，却是有争议的。

马克思主义在人类历史上第一次科学地揭示了法的本质和发展规律。依照马克思主义的法律观，法是人类社会发展到一定历史阶段的产物，是随着私有制、阶级和国家的出现而逐步产生的。法是上升为国家意志的统治阶级共同意志的体现。法所体现的公平和正义，只能是统治阶级所承认的公平和正义。

名家金句

你们的观念本身是资产阶级的生产关系和所有制关系的产物，正像你们的法不过是被奉为法律的你们这个阶级的意志一样，而这种意志的内容是由你们这个阶级的物质生活条件决定的。
——马克思、恩格斯

法律就是国家按照统治阶级的利益和意志制定或认可并由国家强制力保证其实施的行为规范的总和，包括宪法、法律（就狭义而言）、法令、行政法规、条例、规章、判例、习惯法等各种成文法和不成文法。法的目的在于维护有利于统治阶级的社会关系和社会秩序，是统治阶级实现其统治的一项重要工具。因此，法是阶级社会特有的社会现象，它随着阶级、阶级斗争的产生、发展而产生和发展,并将随着阶级、阶级斗争的消灭而自行消亡。

知识链接

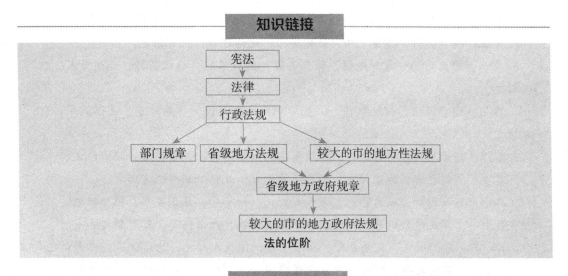

法的位阶

专家点评

尽管"法"和"律"这两个字在当代常被组成"法律"一词而并用,但如果深究的话,它们还是有不同侧重的。理论上"法"指的是永恒的、普遍有效的正义原则和道德公理;"律"指由国家机关制定和颁布的具体行为规则。换句话说,"法"就是人们所追求的公平正义理想,"律"只是"法"的表现形式,没有公平正义的意味,更多地强调约束和规范。因此,当"律"体现公平正义时,它是"法"的真实体现,反之则是虚假的体现。当然,这些都是单纯从理论上来阐述,实际上在我国,自清代以来,"法"与"律"就是并用的。在当今现代汉语的环境中,"法"和"律"在表示"法律"的时候已经互通了。

纪律与法律

所谓纪律,是指在一定社会条件下形成的、一种集体成员必须遵守的规章、条例的总和,是要求人们在集体生活中遵守秩序、执行命令和履行职责的一种行为规则。纪律的本意是通过外来约束来规范人们的行为,违反纪律应当受到批评教育甚至处罚,但当我们认识到它的作用并自觉遵守时,就变成了我们的自律。

相关链接

从古至今,最为严明的纪律非军纪莫属,中国古代的军规相当严苛,但也使军纪严明,军心一统,号称"十七条禁律五十四斩":

其一:闻鼓不进,闻金不止,旗举不起,旗按不伏,此谓悖军,犯者斩之。

其二:呼名不应,点时不到,违期不至,动改师律,此谓慢军,犯者斩之。

其三：夜传刁斗，怠而不报，更筹违慢，声号不明，此谓懈军，犯者斩之。
其四：多出怨言，怒其主将，不听约束，更教难制，此谓构军，犯者斩之。
其五：扬声笑语，蔑视禁约，驰突军门，此谓轻军，犯者斩之。
其六：所用兵器，弓弩绝弦，箭无羽镞，剑戟不利，旗帜凋弊，此谓欺军，犯者斩之。
其七：谣言诡语，捏造鬼神，假托梦寐，大肆邪说，蛊惑军士，此谓淫军，犯者斩之。
其八：好舌利齿，妄为是非，调拨军士，令其不和，此谓谤军，犯者斩之。
其九：所到之地，凌虐其民，如有逼淫妇女，此谓奸军，犯者斩之。
其十：窃人财物，以为己利，夺人首级，以为己功，此谓盗军，犯者斩之。
其十一：军民聚众议事，私进帐下，探听军机，此谓探军，犯者斩之。
其十二：或闻所谋，及闻号令，漏泄于外，使敌人知之，此谓背军，犯者斩之。
其十三：调用之际，结舌不应，低眉俯首，面有难色，此谓狠军，犯者斩之。
其十四：出越行伍，挽前越后，言语喧哗，不遵禁训，此谓乱军，犯者斩之。
其十五：托伤诈病，以避征伐，捏伤假死，因而逃避，此谓诈军，犯者斩之。
其十六：主掌钱粮，给赏之时，阿私所亲，使士卒结怨，此谓弊军，犯者斩之。
其十七：观寇不审，探贼不详，到不言到，多则言少，少则言多，此谓误军，犯者斩之。

法律也是行为准则，但它是国家专利，只有国家才有权力颁布法律和进行司法处罚。其他社会团体、政党组织、工厂、学校、企事业单位等，只能规定纪律，不得颁布法律。中国特色社会主义法律体系，是以宪法为统帅、法律为主干，包括行政法规、地方性法规、自治条例和单行条例等规范性文件在内，由宪法和宪法相关法、民商法、行政法、经济法、社会法、刑法、诉讼与非诉讼程序法等法律部门规范组成的协调统一整体。

专家点评

"法律为主干"中的法律是专指全国人大及其常委会在其职权范围内制定的规范性文件。全国人大制定基本法律，全国人大常委会制定和修改除应当由全国人大制定的法律以外的其他法律。另外，"法律"一词还可以泛指包括上述法律在内的所有的行政法规、地方性法规、自治条例和单行条例等规范性文件。

纪律与法律都是规范人们行为的准则。无论是违纪还是违法，都必须承担一定的后果，都要受到惩处，这是它们的共性。然而，纪律毕竟是未上升到国家意志层面的运行规则，与纪律相比，法律则是一种概括、严谨、普遍的行为规范，由国家制定并认可，并以国家强制力保障实施。两者在制定主体、规范对象、适用范围、内容多寡详略、处罚方式和强度等方面有很大差别。不过纪律比法律管得更细微和具体，法律不能代替纪律，同样纪律也不能代替法律，纪律不得与国法相抵触。遵纪与守法是一脉相承的，从严重程度看，尽管违纪不如违法，但违纪发展下去就容易发展为危害更大的违法。

恪守规则，增强遵纪守法意识

案海导航

案例一：
某机电专业职校生小王，在上实训课时因嫌实训场所闷热，违反操作要求，偷偷将护目镜摘下后在裸眼状态下操作机床，不幸被飞溅的铁屑击中右眼，虽及时送医，但因伤势过重，视力严重受损。

案例二：
某煤矿矿长张某，明知当地已经连续下了两天大雨，不符合安全生产的相关规定，仍然要求矿工下井作业，因山体滑坡，矿洞被埋，最终酿成10名矿工死亡的惨剧。张某最终被法院以重大责任事故罪判处有期徒刑十年。

【思考】
1. 造成以上悲剧的原因是什么？
2. 如何避免这类悲剧发生？

在职业活动中，不遵守劳动纪律，轻则影响生产进度和效率，重则危及生命并造成重大财产损失。违规者将受到相应的惩处甚至是法律的严厉制裁。生活在法治国家里，就要依法规范自身行为，自觉树立法律意识，维护法律的尊严，依法自律，做一个讲规矩、守法的人。同时要提高自身的法律意识和道德意识，重视规则，依法规范自身言行。

探究共享

中国式过马路，是网友对部分中国人集体闯红灯现象的一种调侃，即"凑够一撮人就可以走了，和红绿灯无关"。有网友惭愧地表示，自己也是"闯灯大军"中的一员。

"中国式过马路"

【思考】
1. 你闯过红灯吗？
2. 闯红灯的人有着什么样的心理？
3. 生活中还有类似这样不守规矩的行为吗？如何杜绝它们？

人们行为的动机来源于思想，有什么样的思想就会出现什么样的行为。年轻人常常会把自由挂在嘴边，但我们必须意识到，自由必须是规则之下的自由、法律所允许的自由，不能随心所欲。人与人是平等的，我们享有的权利，别人也同样享有，所以我们做出行动前，一定要问自己一句："会不会影响他人？"违法乱纪的人往往保持侥幸、贪婪、自私、妒忌、叛逆等不良心理，给自己和社会带来负面影响，而拥有高尚道德，遵纪守法的人因为对规则存有敬畏之心，在行为上常常约束自己，身体力行，有利于良好社会风气的形成。

名家金句

自由是在法律许可的范围内，做任何事的权利。——孟德斯鸠

二、依法治国

要闻回眸

要闻一：

1978年12月13日，邓小平在中央工作会议闭幕会上发表《解放思想，实事求是，团结一致向前看》的讲话，他指出："为了保障人民民主，必须加强法制。必须使民主制度化、法律化，使这种制度和法律不因领导人的改变而改变，不因领导人的看法和注意力的改变而改变。"

要闻二：

1997年9月12日，江泽民在党的十五大报告中指出："依法治国，是党领导人民治理国家的基本方略，是发展社会主义市场经济的客观需要，是社会文明进步的重要标志，是国家长治久安的重要保障。"

要闻三：

2012年11月8日，胡锦涛在党的十八大报告中指出："必须坚持党的领导、人民当家作主、依法治国有机统一，以保证人民当家作主为根本，以增强党和国家活力、调动人民积极性为目标，扩大社会主义民主，加快建设社会主义法治国家，发展社会主义政治文明。"

要闻四：

2014年10月20日，习近平在党的十八届四中全会上指出："全面推进依法治国，总目标是建设中国特色社会主义法治体系，建设社会主义法治国家。这就是，在中国共产党领导下，坚持中国特色社会主义制度，贯彻中国特色社会主义法治理论，形成完备的法律规范体系、高效的法治实施体系、严密的法治监督体系、有力的法

【思考】

实行依法治国，我们作为公民应当怎样做？

治保障体系，形成完善的党内法规体系，坚持依法治国、依法执政、依法行政共同推进，坚持法治国家、法治政府、法治社会一体建设，实现科学立法、严格执法、公正司法、全民守法，促进国家治理体系和治理能力现代化。"

以上论述概括了我国社会主义法治的基本精神，反映了我国社会主义法制建设的发展历程。

理解依法治国的内涵

无论历史还是现实都充分证明，法治的社会，法治的精神，始终是现代文明社会孜孜不倦的追求，法治作为治理国家的最合理模式已成全人类的共识！我国实行依法治国，立志建设社会主义法治国家，符合全世界的法治潮流。

依法治国就是广大人民群众在党的领导下，依照宪法和法律规定，通过各种途径和形式管理国家事务，管理经济文化事业，管理社会事务，保证国家各项工作都依法进行，逐步实现社会主义民主的制度化、法律化，使这种制度和法律不因个人意志而改变。它是建设社会主义政治文明、发展社会主义民主政治的重要内容，其本质是保证人民当家作主。全面推进依法治国，其宗旨就是全面落实人民当家作主的社会主义民主政治目标。

依法治国的基本方针，可以用四句话来概括，即科学立法、严格执法、公正司法、全民守法。

科学立法就是立法过程中必须以符合法律所调整事态的客观规律作为价值判断，并使法律规范严格地与其规制的事项保持最大限度的和谐，法律的制定过程尽可能满足法律赖以存在的内外在条件。

严格执法就是执法者要以仅对法律负责的态度来从事自身的执法行为，既不能不作为，也不能乱作为，更不能胡作非为。

专家点评

对法院的生效判决，当事人应该执行。对于不执行判决书内容的，法院可以采取强制执行措施强制其执行，情节严重时，很有可能追究当事人的刑事责任。

公正司法就是司法活动的过程和结果都要坚持和体现公平和正义的原则，维护当事人的合法权益，其本质是尊重和保障人权。

全民守法就是任何组织或者个人都必须在宪法和法律范围内活动，都要依照宪法和法律行使权利或权力、履行义务或职责。

名家金句

要完善立法规划，突出立法重点，坚持立改废并举，提高立法科学化、民主化水平，提高法律的针对性、及时性、系统性。要完善立法工作机制和程序，扩大公众有序参与，充分听取各方面意见，使法律准确反映经济社会发展要求，更好协调利益关系，发挥立法的引领和推动作用。
——习近平

要加强对执法活动的监督，坚决排除对执法活动的非法干预，坚决防止和克服地方保护主义和部门保护主义，坚决惩治腐败现象，做到有权必有责、用权受监督、违法必追究。
——习近平

我们要依法公正对待人民群众的诉求，努力让人民群众在每一个司法案件中都能感受到公平正义，决不能让不公正的审判伤害人民群众感情、损害人民群众权益。
——习近平

要深入开展法制宣传教育，在全社会弘扬社会主义法治精神，引导全体人民遵守法律、有问题依靠法律来解决，形成守法光荣的良好氛围。——习近平

实施依法治国，具有重大意义：

第一，依法治国是人民当家作主的基本保证。

第二，依法治国是发展社会主义市场经济的客观需要。

第三，依法治国是社会文明和社会进步的重要标志。

第四，依法治国是维护社会稳定、实现国家长治久安的重要保证。

专家点评

法国思想家卢梭曾说，一切法律中最重要的法律，既不刻在大理石上，也不刻在铜表上，而是铭刻在公民的内心。小到文明行走，大到依法治国，法治的根基在于公民发自内心的拥护，法治的伟力源于公民出自真诚的信仰。2013年，一系列冤假错案被陆续平反。3月，服刑近10年的张辉、张高平叔侄被浙江省高级人民法院依法再审宣告无罪；4月，羁押12年的李怀亮被河南省平顶山市中级人民法院依法宣告无罪；8月，背负"杀妻"之名入狱17年的于英生被安徽省高级人民法院宣告无罪。这一个个普通的名字，注定要被载入中国司法史。他们用超过十年的人生，为中国法治进步做出了注脚。

全面推进依法治国建设过程中，当代中职生自觉树立法治观念具有重要意义。

全面推进依法治国的过程中，自觉树立法治观念，有利于促进中职生依法律己，养成遵纪守法的良好习惯；有利于促进中职生依法行使公民的权利和履行公民的义务，依法维护自己的合法权益；中职生认真学法、自觉守法，对建设社会主义法治国家具有重要的意义。

第六课　理解法治真谛，弘扬法治精神

全面推进依法治国建设，当代中职生大有可为。生活在社会主义法治国家，我们中职生人人都要自觉弘扬社会主义法治精神，树立社会主义法治观念，学法、尊法、守法、用法，依法维护国家利益，依法规范自身的行为；关心国家大事，积极参与政治生活，依法行使建议权、监督权等政治权利；依法行使公民权利，自觉履行公民义务，勇于同破坏法治中国建设或社会主义法治国家建设的言行做斗争。

树立社会主义法治理念

案海导航

公元前399年，古希腊著名学者苏格拉底由于经常对雅典的劣质民主政治发表猛烈的批评意见，在他70岁那年被三个卑鄙的雅典政客提起公诉，说他的言论危害社会。当时雅典城的司法制度是按极端民主制的原则，从雅典10个部落中自由平等地各推选出50人，组成一个500人的公民大会来进行审判，结果雅典法庭在大批无知暴民的起哄声中以281∶220过半数的多数票，荒谬地判决了苏格拉底死刑。

在朋友的帮助下，苏格拉底原有机会越狱，但他拒绝了，理由是——雅典的法律虽然失去了公平正义，但服从它的判决，维护"法律至上"的秩序，也是公民的义务，这也是一种导人向善的法律正义。如果人人都只以自己内心判断的是非为是非，人人都只随自己的喜恶去利用法律、玩弄法律甚至是敌视法律、抗拒法律，不履行自己的公民义务，势必会导人向恶，从而造成社会秩序的大乱，最终也一定会导致整个社会公平正义的彻底崩溃。以一种令公平正义崩溃的方式去追求公平正义，岂非"饮鸩止渴"？

苏格拉底发现，自己已跌入一个悖论式的怪圈：既要满腔热情地追求一种理想的法律正义，又要冷静理智地服从一种现实的法律正义，无论选择哪一种公平正义，都意味着要否定另一种公平正义。思来想去，不能自拔，最后，他大义凛然地喝下了狱卒送来的毒酒。

苏格拉底

【思考】
你怎么看待苏格拉底的死？

名家金句

所谓法治，应包含两重意义：已成立的法律获得普通的服从，而大家所服从的法律又应该是本身制定得良好的法律。
——亚里士多德

法律是治国之重器，良法乃善治之前提。法治作为人类政治文明的重要成果，已经成为现代社会的一个基本框架。大到国家的政体，小到个人的言行，都需要在法治的框架中运行。无论是经济改革还是政治改革，法治都可谓先行者，对于法治的重要性，可以说再怎么强调都不为过。

我国是社会主义法治国家，理应弘扬社会主义法治理念，这是中国特色社会主义理论在法治建设上的体现，其基本内容可以概括为依法治国、执法为民、公平正义、服务大局、党的领导五个方面，体现了党的领导、人民当家作主和依法治国的有机统一。

专家点评

依法治国是社会主义法治的核心内容；执法为民是社会主义法治的本质特征；公平正义是社会主义法治理念的价值追求；服务大局是社会主义法治的重要使命；党的领导是社会主义法治的根本保证。

社会主义法治的基本价值取向是**公平正义**。现代法治既是公平正义的重要载体，也是保障公平正义的重要机制。公平正义就是社会各方面的利益关系得到妥善协调，人民内部矛盾和其他社会矛盾得到正确处理，社会公平和正义得到切实维护和实现。公平正义是人类社会文明进步的重要标志，是社会主义和谐社会的关键环节。我们要通过推进社会主义法治进程，逐步建立并从法律上保障公平的机制、公平的规则、公平的环境、公平的条件和公平发展的机会，促进社会公平正义。

社会主义法治的基本原则是**尊重和保障人权**。人权是作为人都应该享有的权利，是现代社会的道德和法律对人的主体地位、尊严、自由和利益的最低限度的确认。基本人权则是当代国际社会所确认的一切人所应当共同具备的权利。人权是社会文明进步的标尺和动力。现代法律就是保护人权的一种制度安排和强制力量。

社会主义法治的根本要求在于**法律权威**。任何社会的国家机关及其公职人员都要求有一定的权威，而法治社会的政府权威是置于法律权威之下的权威。宪法和法律在政治生活和社会生活中是否真正享有最高权威则是一个国家是否实现法治的关键。

知识链接

《中华人民共和国宪法》（以下简称《宪法》）第五条对法律权威的基本要求做了明确的规定："……国家维护社会主义法制的统一和尊严。一切法律、行政法规和地方性法规都不得同宪法相抵触。一切国家机关和武装力量、各政党和各社会团体、各企业事业组织都必须遵守宪法和法律。一切违反宪法和法律的行为，必须予以追究。任何组织或者个人都不得有超越宪法和法律的特权。"

第六课　理解法治真谛，弘扬法治精神

要闻回眸

近年来，随着我国经济的高速发展，全国的公路通车里程、机动车以及机动车驾驶人的不断增加，我国的道路交通事故居高不下，因酒后驾驶造成车毁人亡的悲剧在我们身边屡屡上演。酒后驾驶已成为引发交通事故特别是恶性交通事故的罪魁祸首。2011年5月1日起，《中华人民共和国刑法修正案（八）》（以下简称《刑法修正案（八）》）正式实施，醉酒驾驶作为危险驾驶罪被追究驾驶人刑事责任。5月1日醉驾入刑后的半个月，全国共查处醉酒驾驶2 038起，较2000年同期下降35%；因醉酒驾驶发生交通事故的死亡人数同比下降37.8%，法律教育和警示作用初步显现。

酒驾

【思考】
醉酒驾驶入刑后，这类行为及因该行为引发的交通事故致死率下降逾三成，说明了什么？

　　法律的生命力在于实施，法律的权威也在于实施。天下之事，不难于立法，而难于法之必行。有了好的法律，没有严格执行，就会形成"破窗效应"，损害法律尊严，动摇法律根基。法律的实施一方面要求党依法执政、政府依法行政、司法机关公正司法，另一方面也要求普通公民在内心树立起对法律的信仰和敬畏，树立法治观念，养成守法习惯，善于用法维权。因为中国法治的推进，需要国家层面法治建设的引领，更离不开我们每一个普通人"自下而上"的努力——当遵纪守法成为一种自觉，当依法办事成为一种自然，每个社会个体就能汇聚成整个社会推进法治的不竭源泉。

　　对于当代中国而言，法治国家、法治政府、法治社会一体建设，才是真正的法治。全面推进依法治国，离不开弘扬社会主义法治精神，离不开努力培育社会主义法治文化以及在全社会形成学法、遵法、守法、用法的良好氛围。对于我们中职生来说，树立社会主义法治理念，就要学法、懂法，要自觉守法，要学会用法，还要自觉护法，要敢于和善于运用法律武器同各类违法行为做斗争，维护国家、集体利益和自身合法权益。

建立法律信仰，维护法律尊严

探究共享

"安乐死"的意思是"幸福"地死亡。它包括两层含义，一是安乐的无痛苦死亡；二是无痛致死术。一方面，一些公民身患不可逆的身体疾病，为免除痛苦，自愿要求结束自己生命，从人道的角度考虑，获得了不少人的赞同；另一方面，在现有的法律条件下，医护人员及家属协助满足患者的安乐死请求，属于《中华人民共和国刑法》（以下简称《刑法》）规定的"帮助自杀"行为，涉嫌故意杀人罪，而且"安乐死"如经法律允许，可能会被一些人利用，用以非法剥夺他人的生命。因此，这种做法在我国引发了大量争议，直到今天也没有结论。

"安乐死"与法律

【思考】你怎么看这个问题？

每个人都有着自身的不同价值判断和追求，基于自身的利益关联、价值观念和认知程度不同，对待同一件事看法不同是很正常的。但一个正常的社会必须有一个全社会达成共识的判断标准，这个标准只能是法律。要想公正解决社会矛盾和问题，只有坚持法律第一的原则。法律在整个社会调整机制和全部社会规范体系中应居于主导地位，国家和公民的行为均须以法律为准绳。

建设社会主义法治国家有个非常重要的条件，即公众对法律存有发自内心拥护和真诚的信仰。这就要求立法者、司法者、执法者和守法者都对法律存有心悦诚服的认同感和依归感。公众权益要靠法律保障，法律权威要靠大家维护。我们中职生一定要做良好的守法者，不断培养自己的守法意识，弘扬社会主义法治精神，建设社会主义法治文化，增强厉行法治的积极性和主动性，为守法光荣、违法可耻的社会氛围贡献自己的力量，身体力行，成为社会主义法治的忠实崇尚者、自觉遵守者、坚定捍卫者。

名家金句

法律必须被信仰，否则形同虚设。 ——伯尔曼

法律能见成效，全靠民众的服从。 ——亚里士多德

第六课　理解法治真谛，弘扬法治精神

维护法律尊严，一个很重要的要求是把国家权力全部纳入法治轨道，即"把权力关进制度的笼子"。具体来说，政府一定要依法行政，司法机关一定要公正司法。

政府依法行政，就要做到各级行政机关必须依法履行职责，坚持法定职责必须为、法无授权不可为的原则，绝不允许任何组织或者个人有超越法律的特权，形成职责、权限明确，执法主体合格，适用法律有据，救济渠道畅通，问责监督有力的政府工作机制。

要闻回眸

从2003到2013年，一个再简单不过的案子让张高平和张辉叔侄俩坐了10年冤狱。2013年，叔侄二人终于重获清白，走出监狱，失去10年光阴，命运和生活因此全部改变，而案件中牵涉的法律与逻辑更是让人无限慨叹。

2003年5月18日，张高平和张辉叔侄俩驾驶货车进入了沪杭高速，前往上海。17岁的王某经别人介绍搭他们的顺风车去杭州，到杭州西站后就下了车。但几天后，二人却突然被警方抓捕。原来，2003年5月19日杭州市公安局西湖区分局接到报案，在杭州市西湖区一水沟里发现一具女尸，而这名女尸正是5月18日搭乘他们便车的女子王某。公安机关初步认定是当晚开车搭载被害人的张辉和张高平所为。经刑讯逼供，张高平与张辉被迫交代：当晚在货车驾驶座上对王某实施强奸致其死亡，并在路边抛尸。2004年4月21日，杭州市中级人民法院以强奸罪判处张辉死刑，张高平无期徒刑。半年后的2004年10月19日，浙江省高院终审改判张辉死缓、张高平有期徒刑15年。

在监狱中，张高平不断经其本人及家属申诉，2012年2月27日，浙江省高级人民法院对该案立案复查。10年后，杭州市公安局将"5·19"案被害人王某指甲内提取的DNA材料与警方的数据库比对，发现了令人震惊的结果：该DNA分型与2005年即被执行死刑的罪犯勾海峰高度吻合，一桩冤案终于大白于天下。

2013年3月26日，浙江省高级人民法院依法对张辉、张高平强奸案再审公开宣判，认定原判定罪、适用法律错误，宣告张辉、张高平无罪。至此，两名被告被错误羁押已近10年。

案子改判后，浙江省高级人民法院启动国家赔偿工作，分别支付张辉、张高平侵犯人身自由权赔偿金65.5万元，并对每人赔偿45万元精神损害抚慰金，两人共计221万元国家赔偿金。

正义也许会迟到，但从来不会缺席！

【思考】
1. 本案对张氏叔侄的错判究竟在哪个方面出现了失误？
2. 张氏叔侄被屈打成招，含冤十载，最终给我们什么启示？

司法机关公正司法，就要做到让人民群众在每一个司法案件中都感受到公平正义。司法权威是法律权威的重要体现，司法公正对社会公正具有重要引领作用，司法不公对社会

公正具有致命破坏作用。必须完善司法管理体制和司法权力运行机制，保证审判机关、检察机关依法独立行使审判权、检察权，规范司法行为，严惩司法腐败，加强政法队伍建设，同时加强对司法活动的监督，最终形成一套公正、高效、权威的司法制度和人权司法保障制度。

名家金句

　　一次不公正的裁判，其恶果甚至超过十次犯罪。因为犯罪虽是无视法律——好比污染了水流，而不公正的审判则毁坏法律——好比污染了水源。　　——培根

　　要把法律放在神圣的位置，任何人办任何事，都不能超越法律的权限，我们要用法治精神来建设现代经济、现代社会、现代政府。　　——李克强

第七课　维护宪法权威，树立公民意识

依法治国，首先是依宪治国。依宪治国是依法治国的核心。宪法是实行依法治国的根本依据，是国家的根本大法，是治国安邦的总章程，是最高的行为准则，在国家政治生活中具有极其重要的作用。我们学习宪法，就要充分理解我国宪法的人民主权原则和保障人权原则，提升公民素养，以实际行动维护宪法的尊严和权威，保障宪法实施，增强我们的国家主人翁的使命感和责任感，争当合格公民。

一、维护宪法权威

维护宪法尊严，关乎公民福祉

要闻回眸

要闻一：2014年11月1日，第十二届全国人民代表大会常务委员会第十一次会议决定将12月4日设立为"国家宪法日"，在全社会开展宪法宣传教育活动。

要闻二：2015年7月1日，第十二届全国人民代表大会常务委员会第十五次会议表决通过实行宪法宣誓制度的决定。

【思考】
国家设立"国家宪法日"和实行"宪法宣誓制度"的动机和意义究竟是什么？

我宣誓：忠于中华人民共和国宪法，维护宪法权威，履行法定职责，忠于祖国、忠于人民，恪尽职守、廉洁奉公，接受人民监督，为建设富强、民主、文明、和谐的社会主义国家努力奋斗！

实行"宪法宣誓制度"

制定宪法不是为了政策宣示，而是使社会共识凝聚在宪法实施的轨道之上，使权利的实现得到最高效力的保障。宪法作为一国的根本大法，是治国安邦的总章程。宪法规定了公民的基本权利和义务，规范国家权力的运行，是最高的行为准则。宪法是实行依法治国的根本依据，在国家政治生活中具有极其重要的作用。依法治国的核心就是依宪治国。

专题三 | 弘扬法治精神，当好国家公民

名家金句

坚持依法治国首先要坚持依宪治国，坚持依法执政首先要坚持依宪执政。——习近平

探究共享

宪法的制定，须由国家成立专门委员会起草。宪法的修改，由全国人民代表大会常务委员会或五分之一以上的全国人民代表大会代表提议，并由全国人民代表大会以全体代表的三分之二以上的多数通过才能通过。其他法律和议案的制定和修改仅须半数以上代表通过即可。

【思考】
宪法的制定和修改程序为何比普通法律更为严格？

在法治国家，宪法是国家的最高权威，具有最高的法律地位。宪法是其他一切法律、法规的立法基础和立法依据，宪法为母法，其他一切法律、法规为子法；宪法具有最高的法律效力，任何法律、行政法规、地方性法规、部门规章等规范性文件都不能与宪法抵触；各政党、各社会组织、全国各族人民都必须以宪法为根本的活动准则，任何组织或个人都不得有超越宪法和法律的特权；同普通法律相比，宪法制定和修改的程序更为严格。

知识链接

宪法起源于西方国家资产阶级革命。20世纪初，为扭转国势江河日下的局面，清政府被迫启动了中国的制宪历程。1908年近代中国的第一个宪法性文件《钦定宪法大纲》终于面世。《钦定宪法大纲》共计23条，由"君上大权"和"臣民权利义务"两部分构成，体现了"大权统于朝廷"的立法旨意。但是这部宪法没有挽救清王朝被推翻的命运，随后成立的中华民国也先后制定了多部宪法。

1949年新中国成立后，中国共产党十分重视宪法的制定与修改。1949年，中国人民政治协商会议制定了起临时宪法作用的《中国人民政治协商会议共同纲领》这一宪法性文件。随后全国人民代表大会先后颁布了4部正式宪法，即1954年宪法、1975年宪法、1978年宪法和1982年宪法。现行宪法即1982年宪法。宪法自颁布以来，应改革开放的需要分别于1988年、1993年、1999年、2004年以及2018年由全国人民代表大会对其进行了五次修改，共通过了52条宪法修正案。

现行宪法继承和发展了1954年宪法的基本原则，总结了中国社会主义发展的经验，是一部有中国特色、适应中国社会主义现代化建设需要的根本大法。宪法共分为序言、总纲、公民基本权利和义务、国家机构以及国家标志五个部分，规定了我国的政治制度、经济制度、公民的权利和义务、国家机构的设置和职责范围等。

第七课 维护宪法权威，树立公民意识

宪法并不是高高在上的，而是与每个公民的切身利益息息相关的。宪法不仅关乎国家治理，更关乎公民福祉。

首先，宪法强调"国家尊重和保障人权"，详细规定了公民的基本权利，反映了国家保护公民基本权利的决心，也反映了国家权力来自于人民授权这一现代国家最为根本的政治理念。

其次，基于权力来自人民的理念，宪法为每个国家机关设定了详细的权力清单，强调国家权力应依法行使，表明了国家权力的有限性，在宪法和法律之外，国家机关不享有任何权力，确保权力不遭到滥用，从而防止国家权力对公民权利的侵犯。

最后，宪法强调其自身具有最高效力，一切其他法律都不得抵触宪法，为我国形成协调统一的法律体系提供了基础，确保我们遵守的法律是真正的良法，有利于维护社会公平正义，保障人民依法享有广泛权利和自由。

知识链接

劳动教养制度是中华人民共和国从位于欧洲东部的苏联引进而形成的世界上中国独有的制度。劳动教养并非依据法律条例，从法律形式上看也不是刑法规定的刑罚，而是依据国务院劳动教养相关法规的一种行政处罚，公安机关无须经法庭审讯定罪，即可对疑犯投入劳动教养场所实行最高期限为四年的限制人身自由、强迫劳动、思想教育等措施，比某些较轻的刑罚还要重。

随着劳动教养历史变迁，被劳动教养的范围不断更新和扩大，游手好闲者、小偷、卖淫嫖娼者、吸毒者、破坏治安者都可能被劳动教养，甚至有时候，劳动教养制度成为报复举报人的工具。近年来，劳动教养措施侵犯人权的问题陆续曝光，不断有媒体、民众呼吁废除或者改革劳动教养制度。

2012年，重庆彭水县大学生村干部任建宇因微博转发负面消息被劳动教养以及单亲妈妈唐慧因对女儿被强奸案判罚不满而上访被劳动教养的消息在全国引发空前关注，再次将劳动教养制度推向舆论的风口浪尖。一些学者明确指出这一制度违反我国《宪法》第三十七条的规定："中华人民共和国公民的人身自由不受侵犯。任何公民，非经人民检察院批准或者决定或者人民法院决定，并由公安机关执行，不受逮捕……"

2013年12月28日闭幕的全国人大常委会通过了关于废止有关劳动教养法律规定的决定，这意味着已实施50多年的劳动教养制度被依法废止。决定规定，劳动教养废止前依法做出的劳动教养决定有效；劳动教养废止后，对正在被依法执行劳动教养的人员，解除劳动教养，剩余期限不再执行。

废除与法律相冲的劳动教养制度，是人权司法保障制度的重大进步。

人们之所以制定宪法，一个很重要的目的就是谋求自身生活幸福与人性的正常发展。宪法只有贯彻落实于生活，被公众切实地感受到，才能真正为人的生存、发展和自我完善提供保障，宪法的权威也才能真正体现出来。

保障宪法实施，公民责无旁贷

探究共享

列宁有句名言："宪法，就是一张写着人民权利的纸。"可在我国这句话被很多人误读了，不少人在头脑中形成了这样一种观念，认为刑法、民法是比较严厉的法律，违反这些法律要受到制裁。但宪法好像是很"宽容"的，违反宪法可以不追究法律责任。这种"违法可怕，违宪不可怕"的观念相当普遍。然而，宪法是国家的根本大法。违宪，就是最严重的违法！宪法并非印在纸上、挂在墙上给人看的，但是多年来，宪法的实施和保障却是不完备的，难免给人们留下错误的印象。因此，中国共产党十八届四中全会公报明确提出，法律的生命力在于实施，法律的权威也在于实施。宪法的生命力和权威也在于实施。

【思考】作为普通公民，我们该如何实施宪法呢？

依法治国，建设社会主义法治国家，依宪治国是第一位的。宪法文本本身不过是印着一些文字的纸，它写得再好，如果不实施，也没有多少意义。在我国，一切权力属于人民，国家机关只享有法律明确授予的权力，社会主义民主制下的政府是权力受法律严格限制的政府。要让我国宪法真正体现人民意志，成为人民当家作主和实现幸福美好生活的最高保障，一定要将宪法的规定化为生活中实实在在的现实。

宪法的实施有着深刻的现实必要性。宪法是具体的，宪法实施也应该是具体的，宪法一旦被"悬空"，人们就会形成一种"宪法无用"的印象，而这种观念又会影响到人们对宪法之下的法律的印象，人们会对法律失去信心，遇到权利被侵犯的情况不再诉诸法律，而是采用暴力等其他救济手段，这就给社会带来了不稳定因素，最终很多人都因此受害。

专家点评

中国立宪、行宪已有一百多年的历史，在相当长的一段时期内，宪法得不到有效实施，其中的一个关键原因就在于宪法的教育还远没有普及，人们并不了解宪法，也没有形成强烈的护宪意识，致使宪法危机不断发生，公民的基本权利得不到宪法的保障。1982年宪法开启了我国宪法发展的新阶段，而中共十八届四中全会关于国家宪法日的设立，将再次凝聚民众的宪法共识，真正使广大的民众成为宪法的"护城河"。从这点来看，十八届四中全会在我国实现依法治国的进程中所具有的里程碑意义，将随着宪法的精神更加深入人心而日益凸显。

实施宪法可以说就是要官民各方都按写在纸上的国家最大规矩办事。这是相当不容易的事情。现阶段我国宪法实施的主要难点，一是表现为遵守宪法难，即公民及掌握权力的机构和官员都应切实遵守宪法；二是表现为立法不作为，即难以按照宪法的公民基本权利保障条款制定必要而适当的法律；三是表现为法律适用的不准确和不公正，即根据宪法制定的法律难以得到准确有效和公正的适用。

知识链接

为了保障宪法的实施，《宪法》第六十二条规定全国人民代表大会有监督宪法实施的职权；第六十七条规定了全国人大常委会有解释宪法、监督宪法实施的职权。党的十八届四中全会通过的《中共中央关于全面推进依法治国若干重大问题的决定》也提出要完善以宪法为核心的中国特色社会主义法律体系，加强宪法实施。其中最重要的一点是完善全国人大及其常委会宪法监督制度，健全宪法解释程序机制。加强备案审查制度和能力建设，把所有规范性文件纳入备案审查范围，依法撤销和纠正违宪、违法的规范性文件，禁止地方制定、发布带有立法性质的文件。

诵读、学习和宣誓，是实施宪法，让宪法"有用"起来的重要一步，但还远远不够。有句法律谚语说"无救济则无权利"，当公民的基本权利受到侵犯时，只有存在宪法法律的救济渠道，"纸上的"权利才能真正属于公民个人，"纸上的宪法"才会真正成为"现实的宪法"。

实施宪法，让宪法真正运作起来，需要满足以下几个条件：其一，国家尊重和保障人权，让宪法起到保障公民的权利和自由的作用；其二，国家权力受到制约，让宪法起到防止权力滥用的作用；其三，公民尊重和信任宪法，善于在生活中主动使用宪法维权。

名家金句

要加强对权力运行的制约和监督，把权力关进制度的笼子里。　　——习近平

要闻回眸

2001年8月，山东省高级人民法院首次沿用宪法有关公民教育权的规定，对一起盗用他人名字上学的案件做出判决。依据宪法伸张了正义的是山东省滕州市一位叫齐玉苓的普通女工。她发现，9年前在考试中落选的一位同班同学冒用自己的名字上了自己报考的学校，自己却因此与升学失之交臂。1999年2月，齐玉苓以自己的姓名权和受教育权被侵犯为由将当事人、山东省济宁市商业学校、滕州八中、滕州市教委告上了法庭。齐玉苓最终赢得了这场官司。同时，这起诉讼也成为我国第一起将宪法性权利直接作为法院裁判依据的案例，受到了广泛关注，一些对宪法的误解因此发生了根本性的改变，它开创了法院引用宪法保护公民基本权利的先河。

宪法没有权威，法治只能是句口号。当宪法成为规范政府行为，维护广大人民群众合法权益的最终依据的时候；当公民从实际生活中认为它能解决问题的时候；当人人能够意识到自身是法律的被保护者，并有一套行之有效的机制来保障权利的实现时，宪法就显示出旺盛的生命力和权威性。作为国家未来的建设者，从现在开始就要关注宪法条文，提升维宪意识，关注自身各项宪法权利的保障以及落实。当每一个公民都开始关注宪法条文在生活中的落实时，我们的宪法才能真正来到身边、融入社会。让我们以国家主人的姿态有尊严地生活！

二、树立公民意识

主权在民，保障人权

探究共享

鲁迅在《呐喊·自序》中记述了与钱玄同的一段对话："假如一间铁屋子，是绝无窗户而万难破毁的，里面有许多熟睡的人们，不久都要闷死了，然而是从昏睡入死灭，并不感到就死的悲哀。现在你大嚷起来，惊起了较为清醒的几个人，使这不幸的少数者来受无可挽救的临终的苦楚，你倒以为对得起他们么？"钱玄同回答："然而几个人既然起来，你不能说决没有毁坏这铁屋的希望。"

【思考】
如果你是这间铁屋子中的一员，你会怎么做？为什么？

公民意识是指公民个人对自己在国家中地位的自我认识。公民意识是社会意识的一种存在形式，是一种现代意识，是在现代法治下形成的民众意识。公民意识教育的目标而言，教育的目的旨在培养未来公民社会的基本单位，即具有权利义务意识、自主意识、程序规则意识、法治意识、道德意识、生态意识、科学理性精神、具有与时代共同进步能力的现代公民。

国家是我们所有人的命运共同体，个人命运与国家命运紧密相连。我国《宪法》第二条规定："中华人民共和国的一切权力属于人民……"这就是我国宪法确立的人民主权原则，是对全国各族人民国家主人翁身份的最高法律认同。

人民通过行使宪法和法律赋予的权利、履行宪法和法律规定的义务来行使作为国家主人的职责。人民主权原则不仅体现在国家机关由人民产生、对人民负责，国家权力来自人民，还体现在人民可以依照宪法和法律的规定，通过多种途径，采取不同的形式，对公共事务发表自己的看法，用充分的事实和正当的理由来影响公共决策。

第七课 维护宪法权威，树立公民意识

名家金句

国家好民族好，大家才会好。
——习近平

要闻回眸

2011年5月31日24时，一项与百姓个人利益密切相关的法律草案《中华人民共和国个人所得税法修正案（草案）》公开征求意见活动截止，据统计，中国人大网公开征求意见系统自4月25日启动以来，收到意见23万多条，创全国人大立法史上单项立法意见数之最。

【查一查】

我国还有哪些法律草案面向公众进行了公开征求意见？你会参与提出意见和建议吗？为什么？

人民主权原则看似抽象，实际上就在我们身边，影响着我们的生活，指引我们管理身边的事，关心国家大事，这是一种国家主人的责任感、使命感和权利义务观融为一体的自我认识，是公民意识的重要体现。

专家提醒

一个合格的公民，应当具备以下"公民意识"要素：

（1）主体意识：明确认识到自己是一个公民，而不是一个臣民；是社会政治生活和公共生活的主体，而不是无足轻重的客体。

（2）权利意识：意识到自己有各种权利，在法定范围内主动追求和行使自己的权利，勇敢地捍卫自己的权利，但不可盲目主张权利和滥用权利。

（3）参与意识：意识到公民的本质在于参与，参与社会公共生活、政治生活既是自己的权利，也是自己的义务。

（4）平等意识：任何人在法律面前享有平等权利，承担平等义务。没有任何理由享有特权，更不能利用自己的职位在社会资源的分配中牟取私利。

（5）宽容态度：承认别人有权利做出与自己不同的选择，发表不同的见解，对与自己不同的政治主张、价值观念和生活方式给予必要的理解。

（6）法治观念：意识到法治优于人治，尊重和遵守经由合法程序制定的法律规则，按法定界限和程序行使权利，抵制监督一切违法行为。

（7）责任观念：意识到自己对他人、社会和国家负有公民的义务和责任。一方面，

要承担义务，另一方面，不逃避和推卸法律责任和道德责任。

（8）理性精神：理性是针对非理性和超理性的，即公民在利益平衡和价值选择以及重大事件面前，能从实际出发，不被个人情绪和偏见左右。

名家金句

一个国家的繁荣，不取决于它的国库之殷实，不取决于它的城堡之坚固，也不取决于它的公共设施之华丽；而在于它的公民的文明素养，即在于人们所受的教育，人们的远见卓识和品格的高下，这才是真正的利害所在，真正的力量所在。——马丁·路德·金

人之为人，有其受到尊重并自我实现的基本需求，我们把这种需求称为"人权"。作为国家主人，我们每一个人的人权都受到国家的尊重和保护，我国宪法对此做了明确的规定，体现了我国社会主义制度的本质要求。

国家对人权的义务有两个方面，一是尊重，二是保障。尊重人权，要求国家对于人权要消极地不作为，使这些权利在不受到不合理干预的情况下能够自我实现；保障人权，要求国家积极地作为，创造各方面的条件，以保障这些权利能够借助国家的力量得以实现。

要闻回眸

2015年6月8日，国务院新闻办公室发表了《2014年中国人权事业的进展》白皮书，就发展权利、人身权利、民主权利、公正审判权、少数民族权利、妇女儿童和老年人权利、残疾人权利、环境权利、对外交流与合作九个方面全面阐述了中国人权事业取得的成就。

白皮书内容显示，中国政府积极推进发展理念和制度创新，采取有效措施保障公民获得公平发展的机会，让更多人分享改革发展的红利，促进公民的经济、社会和文化权利得到更好保障；强化食品安全监管，重视被追诉人、被羁押者和罪犯的人身权利保障；更重视民意表达，为公众获取和交流信息创造良好环境，公民言论自由权得到有效保障；强化司法公正、公开，积极推进多项司法改革举措，进一步促进公正审判权有效实现，司法领域人权保障迈上新台阶；少数民族地区经济快速发展，西藏和新疆人民生活水平不断提高；进一步贯彻男女平等基本国策，落实儿童最大利益原则，妇女就业得到有效促进，妇女、儿童人身权利进一步得到保障，残疾人社会保障、就业、教育和公共服务等得到进一步提升；以治理环境突出问题为重点，努力保障广大人民群众的环境权利，积极探索中国特色生态文明建设道路，公民参与环境事务管理渠道拓宽；积极参与国际人权交流与合作，在联合国人权机构中发挥建设性作用，推动国际人权事业健康发展。

人权的保障与国家整体的富强具有密切的关系。公民的权利得到有效的保障，意味着他能够充分发挥自身的潜力，创造出的价值得以最大化；每个个体的权利都得到保障，则意味着整个国家能够充分发挥其蕴藏的潜力，创造出最大化的价值、释放出最大的能量。因此，个体权利的实现是国家富强的秘诀。

人权不是抽象的，而是具体的。人权是衣、食、住、行的权利，是生活在安全与尊严中的权利，是参与社会公共事务的权利。它是人民根本利益的集中体现，是人民对美好生活的向往和追求的保证。

国家尊重和保障人权，就要进一步完善立法，加强对社会弱势群体权利保障；就要进一步完善人权执法保障机制；就要进一步完善人权司法保障制度；还要增强全社会尊重和保障人权意识。

尽管对人权的保障是社会主义制度的内在要求，是国家的职责，但人权的实现不能仅仅依靠国家，每一个公民都要增强人权意识，对侵犯人权的现象和行为说不，用具体的行动维护自己和他人的人权。同时，我们也要意识到，人权不是自私自利的权利，每个人必须承担对他人、对社会和对国家的义务，在处理公民与国家关系的问题上，我们要以国家利益为重，必要时牺牲个人的利益，维护人民整体利益，因为，人权状况的整体进步并不是无代价的。

名家金句

> 争你们个人的自由，便是为国家争自由！争你们自己的人格，便是为国家争人格！
> ——胡适
>
> 为权利而斗争是权利人受到损害时对自己应尽的义务。
> ——耶林

在"人民主权原则"和"以人为本理念"的指引下，中国人都要明白一个朴素的道理，那就是只有民族复兴、国家富强才能带来人民的幸福、带来每一个人的幸福。因此，在民族复兴的伟大征程中，每一个人都和国家息息相关，我们要以一种历史责任感和使命感，敢于担当、勇于奉献，以主人翁姿态为共和国大厦添砖加瓦。国家强盛了，国民才有尊严，民族崛起了，人民才有福祉，人权也才能更有保障，让我们每一个普通公民和国家共同成长。

重视权利，不忘义务

要闻回眸

> 2013年4月，成都某小区内，楼上住户因难忍广场舞音乐的困扰，一气之下向跳舞人群扔水弹，受到水弹袭击后，楼下的人又向楼上扔弹者竖中指。

专题三 弘扬法治精神，当好国家公民

2013年6月，苏州某小区内，一位业主不满楼下广场舞音乐的声音过大，下楼与跳舞的大妈发生冲突，打伤跳舞者，随后，该业主还在楼下广场铺满碎玻璃和砖石。

2013年8月某晚，北京市昌平区某小区居民施某因不堪忍受邻居跳广场舞所放音乐声音太大，持其藏匿的猎枪朝天鸣枪，并放出所养藏獒驱赶跳舞人群。

2013年8月，一支华人舞蹈队在纽约布鲁克林的日落公园排舞，由于音乐扰民，遭到附近其他族裔居民的多番投诉，舞蹈队领队甚至被警方铐走。

2013年10月某晚，武汉某小区广场上，一群人正在音乐声中翩翩起舞，却突然被从天而降的粪便泼了个满头满身。记者调查后得知，原来是楼上的住户不堪噪声的长期干扰，加上多次交涉无果，最终采取此举泄愤。

2014年3月29日，温州市区新国光商住广场的住户们不堪广场舞音乐骚扰，与跳舞大妈们多次交涉无果后，集资花26万元买来"高音炮"，正对跳舞场地和广场舞音乐同时播放，迫使大妈们不得不停止跳舞活动。

2015年7月22日晚8点左右，在西安市雁塔区三爻地铁站附近，十多名跳广场舞大妈为腾地方，连续推走了三辆停在路面上的轿车，引来不少人围观。

【思考】
1. 广场舞大妈们有没有跳舞的权利？
2. 行使权利的同时有没有需要注意的地方？
3. 此类冲突应当如何处理？

我国公民依照宪法规定享有广泛的权利和自由，然而，世上没有绝对的自由，公民在行使这些权利和自由时是要受到限制的。具体来说，每个公民既要依法行使政治、经济、文化和社会生活方面的权利，又要自觉履行宪法和法律规定的各项义务，积极承担自身的社会责任。

要求公民限制自身权利和自由的不当使用并非要束缚公民的权利和自由，正好相反，这是为了更好地实现公民的权利和自由。因为任何人都是生活在特定的社会群体之中，绝不能不顾其他人的利益想做什么就做什么。我们有时候必须去做一些事或不做一些事，以保证别人的权利能够实现，别人在相同的情况下也与我们一样做一些事或不做一些事，以保证我们的权利同样能够实现。只有经过这样的转化，我们每个人的权利才能得到满足和实现。

专家点评

法律权利和义务观念，是社会主义法治国家的公民应当具有的基本法治观念。由于历史和现实的种种影响，一方面，有些人不能认真对待权利，权利意识较为淡薄；另一方面，有些人也不能正确对待义务，履行法律义务的意识不强。不少人仅仅是出于对惩

罚的畏惧或服从权威的习惯来履行法律义务，因而往往处于消极、被动状况，不履行法律义务、规避法律义务的现象目前还比较严重。因此，全体公民树立正确的法律权利与义务观念，是社会主义法治建设的一项紧迫任务。

宪法规定，中华人民共和国公民在行使自由和权利的时候，不得损害国家的、社会的、集体的利益和其他公民的合法的自由和权利。例如，公民依法享有言论自由，但是不得发表违反宪法原则的言论，不得通过言论对他人进行侮辱和诽谤，否则就是滥用权利。我国宪法还规定，任何公民享有宪法和法律规定的权利，同时必须履行宪法和法律规定的义务。这就要求每一个公民必须以国家主人翁的姿态，忠实地履行宪法和法律规定的各项义务，树立正确的权利义务观念，培养社会主义公民意识，自觉履行义务。

探究共享

看下面两幅漫画，想一想，生活中还有哪些其他类似的负面行为需要纠正？

生活中的负面行为

权利和义务是相对的，我们享受权利，须以不侵害他人的正当权利和自由的义务为前提。宪法为我们划定了权利和义务的边界，就是要求我们把权利和义务统一起来，树立社会主义的权利义务观，掌握与自身日常生活相关的法律知识，养成遵守法律、依法积极行使权利和自觉履行义务的习惯。

第八课　崇尚程序正义，铭记依法维权

社会在发展过程中总是伴随着各种各样的矛盾和冲突，我们每个人都难免遇到。解决矛盾冲突有很多方法，既可以通过非诉讼途径维权，也可以用俗称"打官司"的诉讼途径维权，无论通过那条途径，都必须经历必要的程序，而且一定要掌握切实的证据。作为守法公民，我们一定要树立程序正义的理念，学会用程序依法维护自己的合法权益。

一、崇尚程序正义

"看得见的正义"——认识程序正义

案海导航

赵某因为违章停车，被警察拖走。交警向赵某提出了违章停车罚款200元的处理，除此之外，还要赵某承担200元的拖车费用。然而，为了规范执法部门的执法行为，《中华人民共和国道路交通安全法》第93条明确规定："对违反道路交通安全法律、法规关于机动车停放、临时停车规定的，可以指出违法行为，并予以口头警告，令其立即驶离。机动车驾驶人不在现场或者虽在现场但拒绝立即驶离，妨碍其他车辆、行人通行的，处二十元以上二百元以下罚款，并可以将该机动车拖移至不妨碍交通的地点或者公安机关交通管理部门指定的地点停放。公安机关交通管理部门拖车不得向当事人收取费用，并应当及时告知当事人停放地点。因采取不正确的方法拖车造成机动车损坏的，应当依法承担补偿责任。"

【思考】
1. 赵某违章停车应不应该接受处罚？
2. 本案中交警拖车收费合乎正义吗？为什么？

法对正义的实现分为两部分，即实体正义与程序正义。实体正义可以理解为结果正义；程序正义可以理解为过程正义。要想实现真正的正义，仅依照实体法的规定做出正确、公正的判决是不够的，还必须确保整个判决过程正确、公平、合法。实体权利的实现有赖于法律程序的保障，没有公正的程序，实体的公正也无从谈起。因此，实体正义是一个相对的范畴，必须通过程序正义来实现。在程序正义方面，法律的作用表现为：一方面为纠纷和冲突的解决提供规则程序，另一方面也通过程序来确保纠纷解决过程中的公正性。

第八课　崇尚程序正义，铭记依法维权

名家金句

审判程序和法律应该具有同样的精神，因为审判程序只是法律的生命形式，所以也是法律的内部生命的体现。

——马克思

探究共享

【思考】有人说，法律不外乎人情，按程序办事太无情了，是否有道理？

程序正义是通过法律程序本身而不是其所要产生的结果得到实现的价值目标。它具有鲜明的特征，它不是结果的正当性的判断标准，而是判断形成结果的过程是否合理、程序是否正当的独立标准。程序的不正义往往会导致实体的不正义，动摇人们对法律的信心，司法权威因而受损，甚至导致整个司法制度受到损害，从而从根本上阻碍依法治国的实现。

笃行"明规则"——程序正义的力量

要闻回眸

2005年3月28日，湖北省京山县一个被杀害11年的刑事案件被害人张在玉突然出现在父老乡亲面前，揭露了一个令人愤慨、心酸、痛惜的冤案。1994年1月2日，张在玉因患精神病走失失踪，张在玉的家人怀疑其被丈夫佘祥林杀害，公安机关立案侦查，佘祥林被拘捕并遭刑讯逼供。同年10月，佘祥林被原荆州地区中级人民法院一审被判处死刑，剥夺政治权利终身，但因证据不足被发回重审。后因行政区划变更，佘祥林一案移送京山县公安局，经京山县人民法院和荆门市中级人民法院审理。1998年9月22日，佘祥林被判处15年有期徒刑。2005年4月13日，京山县人民法院经重新开庭审理，宣判佘祥林无罪。2005年9月2日佘祥林领取70余万元国家赔偿。

【思考】
1. 本案对佘祥林的错判失误在什么地方？
2. 佘祥林被迫承认莫须有的罪行，坐了11年冤狱，给我们什么启示？

中国自古就有重实体，轻程序的传统，人们普遍比较重视的是实体公正，即希望罪恶得到惩治，而对于程序不公正现象则比较宽容，即对适用何种手段惩治罪恶不那么在意。实际上，无论是实体公正，还是程序公正，其根本目的都是一致的，均是为了实现实质上的正义。不过，程序正义是保证实体公正的前提，因为任何裁判结果的得出都离不开一定的过程，公正合理的过程有助于得出正确的结果，非正当的手段必然导致错误的结果。没有程序的正义，实体上的公正必然是偏颇的。从整体上看，程序正义能确保司法制度的公正，是法治国家的标志，是人治向法治转变的助推器。在现代社会，程序法能否得到严格的遵守，是衡量一个国家司法公正、诉讼民主和人权保障程度的重要标志。

专家点评

刑事诉讼理论对根据以刑讯逼供等非法手段所获得的犯罪嫌疑人、刑事被告人的口供为线索，再通过合法的程序获得的第二手证据（派生性证据）有个非常形象的比喻，叫作"毒树之果"。意思是，以非法手段所获得的口供是毒树，而以此所获得的第二手证据是毒树之果。"毒树之果"原则作为非法证据排除的规则，对遏制办案人员刑讯逼供，保护刑事被告人的基本权利有着进步作用。所谓非法证据排除规则，是对非法取得的供述和非法搜查扣押取得的证据予以排除的统称，也就是说，司法机关不得采纳非法证据，将其作为定案的证据，法律另有规定的除外。从绝大部分国家的司法实践来看，"毒树之果"往往都为法庭所拒绝采用。

拒绝"毒树之果"

探究共享

请从程序正义的角度谈谈你对以下几句话的看法：
（1）宁可错杀一千，不可放过一个。
（2）坦白从宽，抗拒从严。
（3）严打犯罪，怕漏不怕错。
（4）限期破案。
（5）不杀不足以平民愤。
（6）杀一儆百。

倡导程序正义意义重大：

第一，程序正义有利于在诉讼中实现实体公平。程序法为诉讼制定了一个判断标准，它保障了双方当事人在法律地位上的平等，虽然它不判断事实结果的正确性，但是在程序上它有强大的制约力，运用到司法实践中能起到至关重要的作用，如在取证环节，如果出现程序上的违法，那么确凿的证据也将失去合法性。程序正义的适用能够克服人的主观随意性，防止专断，通过程序正义可以有效防止司法腐败，实现司法公正。

第二，程序正义促使我们在司法活动中开始重视程序的意义，反思在以往的司法实践中被忽视的程序原则与制度，填补程序上的漏洞，强化程序观念，完善社会法治。

第三，程序正义强调当事人在法律中的平等地位，当事人可以充分参与到诉讼中来，有利于当事人了解法律。由于是亲身参与，公平对待，当事人也更容易接受判决结果，判决结果也能更好地体现公平正义的精神，有利于提高诉讼效率，维护人权。

第四，程序正义还具有吸纳当事人不满情绪的功能。不管判决结果如何，如果判决结果是从正义的程序中产生的，其结果就被认为是正义的。因为当事人在审判中被给予了充分平等的机会来保障自己的权益，且是在公正公开的环境下审理的，进而不得不相信法官也是大公无私的，那么他就缺乏不满的客观依据，只能接受自己行为的结果。

专家点评

关于程序正义，曾经发生过影响力遍及全球的案例，如美国的"米兰达规则"和"辛普森杀妻案"，但同时也一直存在着程序正义和实体正义孰重孰轻的争议。

程序正义和实体正义是在人们追求正义过程中两种不同价值观的体现。不同国家对两种正义的不同追求，均反映在各国法治现状中，也体现出中西方法律文化的差异。美国在刑事诉讼过程中更注重程序正义，一个证据在取证过程中存在瑕疵，就会导致其他证据的无效；而我国则是"以事实为依据，以法律为准绳，部分证据存在瑕疵并不影响其他证据的证明力"，更注重实体正义。这些区别与东西方文化传统的差异相关，传统中国刑事诉讼是以犯罪控制为目标，以社会利益最大化追求为特征的，并且以犯罪嫌疑人、被告人权利的牺牲为代价。社会公众注重的是正义是否得到伸张，社会安全能否得到保证，"重实体，轻程序"的功利思想较重。而美国属英美法系国家，伴随着其特有的陪审团制度，社会公众的法治意识较浓，人们普通认可"自由胜于安全"，更倾向于承认"程序正义"。

中美两国对于同类性质案件做出不同的判决，是与各自司法体系的价值取向与实际法治情况相联系的，我们不能苛求我国法院做出超出其所处法治阶段的判决，否则就会放纵犯罪，这是不切实际的，也是不符合中国国情的。

二、依法维权

维权途径面面观

探究共享

下面两幅漫画表现的维权行为能够得到好的结果吗？碰到类似纠纷应该怎么做？

医患纠纷

因飞机延误而引起的纠纷

非理性的维权行为是不值得提倡的,搞得不好,维权不成,还会因为触犯相关法律法规而不得不承担责任,得不偿失。不过,现实生活中碰到纠纷不一定也没有必要都去法院通过诉讼程序解决,方法不止一个。因此,当事人上法院时,首先要了解有关纠纷是否一定要由法院处理。

一般而言,生活中调解纠纷的途径包括诉讼途径和非诉讼途径两种。诉讼途径就是俗称的"打官司",非诉讼途径则较为多样,主要包括请求基层组织或者有关部门调解;根据达成的仲裁协议提请仲裁机构仲裁以及行政复议等。

可见,人们遇到纠纷不一定非得去"打官司",一是可能伤了和气,导致"老死不相往来",二是诉讼成本也并非每个人都能承受。因此,人们常常用调解、仲裁和行政复议这类非诉讼手段来解决纠纷。

调解是指经过第三者的排解疏导,说服教育,促使发生纠纷的双方当事人依法自愿达成协议,解决纠纷的一种活动。

仲裁是指由争议双方在争议发生前或争议发生后达成协议,自愿将争议提交第三者,由该第三者对争议的是非曲直进行评判并做出裁决,双方有义务执行的一种解决争议的方法。仲裁裁决具有法律效力,当事人必须履行。

行政复议是指公民、法人或者其他组织不服行政主体做出的具体行政行为,认为行政主体的具体行政行为侵犯了其合法权益,依法向法定的行政复议机关提出复议申请,行政复议机关依法对该具体行政行为进行合法性、适当性审查,并做出行政复议决定的行政行为。行政复议是公民、法人或其他组织通过行政救济途径解决行政争议的一种方法。

知识链接

调解、仲裁与行政复议流程如图所示。

调解、仲裁与行政复议流程

第八课 崇尚程序正义，铭记依法维权

> **探究共享**
>
> 调解、仲裁、行政复议与打官司相比优点在哪里？有没有不足？

诉讼是指人民法院根据纠纷当事人的请求，运用审判权确认争议各方权利义务关系，以解决矛盾纠纷的活动，就是俗称的"打官司"。它是解决各种矛盾冲突和纠纷争议的最终途径。

> **探究共享**
>
> 情境一：小王在某超市买了个冰箱，回家用了两天后发现该冰箱的冷冻库的温度居然一直保持常温且不能调节，于是与超市交涉。
>
> 情境二：小李听说朋友小张被小陈欺负了，找到小陈，将其打成伤残，并威胁不许再找小张的麻烦。小陈去公安部门报了案。
>
> 【思考】中国人遇事讲究"以和为贵"，不爱打官司，上述两种情况可不可以都通过不打官司的途径解决？

生活中难免遇到纠纷，为了切实保护我们的权利，有时候走诉讼途径是不可避免的。根据要解决案件的性质、内容、程序等因素的不同，诉讼可以分为刑事诉讼、民事诉讼和行政诉讼三种。规定诉讼程序的法律规范就是诉讼法。在我国，根据诉讼种类的不同，诉讼法包括《中华人民共和国刑事诉讼法》（以下简称《刑事诉讼法》）、《中华人民共和国民事诉讼法》（以下简称《民事诉讼法》）和《中华人民共和国行政诉讼法》（以下简称《行政诉讼法》）。

> **专家点评**
>
> 刑事诉讼、民事诉讼和行政诉讼三大诉讼各有侧重：刑事诉讼旨在准确、及时地查明案件事实，惩罚犯罪分子，保证无罪的人不受刑事追究；民事诉讼旨在审理民事案件，确认民事权利义务关系，制裁民事违法行为，保护当事人的合法权益；行政诉讼旨在维护和监督行政机关依法行使行政职权。

> **探究共享**
>
> 吴某欠林某钱不还，林某想用法律途径为自己讨回公道，可向法院起诉时犯了难。林某住在A区，吴某住在B区，而A区和B区都有个基层法院。
>
> 【思考】林某到底应该向哪个法院提起诉讼？

发生纠纷后，如果当事人决定打官司，就会面临着这个纠纷究竟由哪家法院管的困惑，这就涉及法院的管辖问题。我国的法院分为基层人民法院、中级人民法院、高级人民法院和最高人民法院四级,此外还设有海事法院、铁路运输法院和军事法院等专门法院。

法院系统内部是有明确分工的,我们把依法确定各级或同级法院之间受理一审案件的分工及权限的活动叫作管辖。管辖可以按照不同标准做多种分类,其中最重要、最常用的是级别管辖和地域管辖。所谓级别管辖,就是在法院的上下级之间确定管辖权。所谓地域管辖,就是确定某个一审案件应该由哪个地区的法院来管辖。

专家点评

确定一个案件由哪一级别的法院管辖主要取决于案件的性质和影响,如下表所示。

各级别法院所管辖范围

	民事诉讼	刑事诉讼	行政诉讼
最高法院	1.在全国有重大影响的案件; 2.认为应当由本院审理的案件	全国性的重大刑事案件	全国范围内重大、复杂的第一审行政案件
高级法院	在本辖区有重大影响的第一审民事案件	全省(自治区、直辖市)性的重大刑事案件	本辖区内重大、复杂的第一审行政案件
中级法院	1.重大涉外案件(指争议标的额大,或者案情复杂,或者居住在国外的当事人人数众多的涉外案件); 2.在本辖区有重大影响的案件; 3.专利纠纷案件等最高人民法院确定由中级人民法院管辖的案件	1.危害国家安全案件; 2.可能判处无期徒刑、死刑的普通刑事案件; 3.外国人犯罪的刑事案件	确定发明专利权的案件、海关处理的案件;对国务院各部门或者省、自治区、直辖市人民政府所做的具体行政行为提起诉讼的案件;本辖区内重大、复杂的案件(如被告为县级以上人民政府,且基层人民法院不适宜审理的案件,社会影响重大的共同诉讼、集团诉讼案件;重大涉外或者涉及香港特别行政区、澳门特别行政区、台湾地区的案件;其他重大、复杂案件等)
基层法院	第一审民事案件,但法律另有规定的除外	第一审普通刑事案件,但是依法由上级人民法院管辖的除外	第一审行政案件

地域管辖相对较为复杂。一般而言,民事诉讼大多采取由被告所在地法院管辖的原则,侵权案件由侵权行为地或者被告住所地人民法院管辖,不动产案件由不动产所在地人民法院管辖,合同纠纷案件由被告住所地或者合同履行地人民法院管辖……行政诉讼一般由最初做出具体行政行为的行政机关所在地人民法院管辖,对经过复议的案件,如复议机关改变了原具体行政行为,也可以由复议机关所在地人民法院管辖;刑事诉讼多由犯罪地的法院管辖,但另有立案管辖的规定,用于解决人民法院、人民法院和公安机关在直接受理刑事案件方面的权限或职责划分,以确定哪些刑事案件由公安机关立案侦查或由人民检察院立案检查,哪些案件不需侦查而由人民法院直接立案审理。

第八课 崇尚程序正义，铭记依法维权

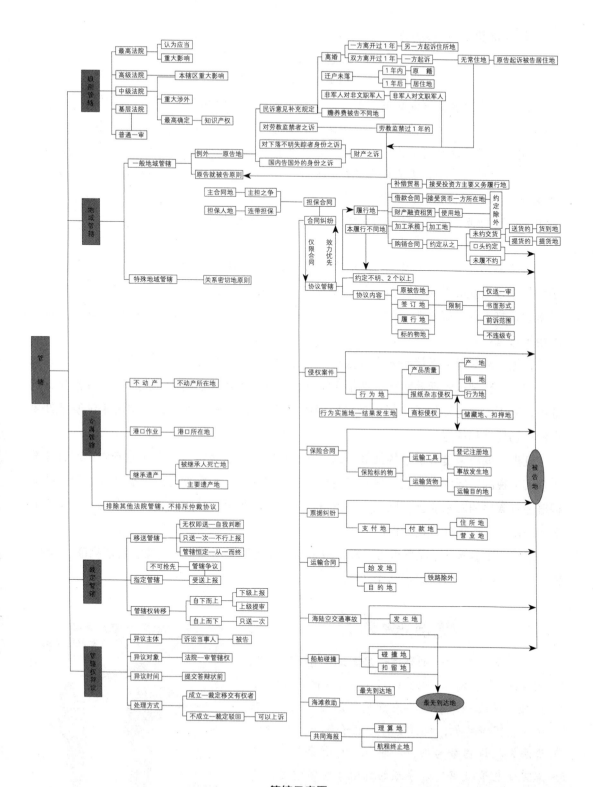

管辖示意图

重视证据，了解诉讼

案海导航

陆某持借条向法院起诉，要求黄某归还借款。黄某否认欠款，并要求对借条签名做笔迹鉴定。结果司法鉴定机关确认借条签名并非黄某书写。原来当年黄某称自己字写得不好，就让其他人代写了借条，并取得了陆某的同意，由此埋下隐患。最终，陆某因证据不足，法院判决其败诉。

【思考】

我国法律主张"以事实为依据，以法律为准绳"，陆某借钱给黄某明明是事实，法院为什么不支持他呢？

有句俗话叫作"空口无凭"，充分说明了现实生活中处理矛盾纠纷时证据的重要性。手头如果没有过硬的证据，打官司时难免"有理说不清"，最终吞下败诉的苦果。因此人们常说，打官司"证据为王"。那么，证据究竟是什么？是否当事人取得的一切凭证都可以用于打官司呢？

证据，从字面上看就是证明的根据，是证明（案件）事实的材料，证据问题是诉讼的核心问题，全部诉讼活动实际上都是围绕证据的搜集和运用进行的。然而，法律意义上的证据，即诉讼证据不同于生活中通常所说的"证据"，它是指诉讼过程中用来证明案件事实的一切凭证和依据。

证据问题历来是诉讼中的关键问题。在诉讼中，证据是法官在司法裁判中认定过去发生事实存在的重要依据，在任何一起案件的审判过程中，都需要通过证据和证据形成的证据链还原事件的本来面目，因此，证据是认定案情的根据。只有正确认定案情，才能正确运用法律，从而正确处理案件。

我国刑事诉讼法、民事诉讼法和行政诉讼法规定了共同的证据种类，包括物证、书证、证人证言、视听资料、鉴定结论和笔录。

知识链接

根据新修定的《刑事诉讼法》，证据有下列8种：物证；书证；证人证言；被害人陈述；犯罪嫌疑人、被告人供述和辩解；鉴定意见；勘验、检查、辨认侦查实验笔录；视听资料、电子数据。《民事诉讼法》把证据分为书证、物证、视听资料、证人证言、电子数据、当事人的陈述、鉴定意见、勘验笔录。《行政诉讼法》与《民事诉讼法》基本相同。

证据类别

> 2015年2月4日，最高人民法院发布的一份司法解释显示，网上聊天记录、博客、微博、手机短信、电子签名、域名等形成或者存储在电子介质中的信息可以视为民事案件中的证据。

当事人经由向法院起诉来保护自身合法权益时，负有依法承担提供证据来证明自己诉讼主张的责任，并须承担因提供不出证据或证据不足而导致的败诉风险，这种责任就是举证责任。

在民事诉讼中，法律规定当事人作为原告对自己提出的主张有责任提供证据，叫作"谁主张，谁举证"。在行政诉讼中，要由作为被告的行政机关负责提供做出该具体行政行为的证据和所依据的规范性文件，叫作"举证责任倒置"。这项规定体现了法律制衡强势机关保护弱势群体的公正。刑事诉讼相对复杂，一般而言，对于公诉案件，承担举证责任的是公安机关和检察机关；对于由公民提起的自诉案件，由自诉人承担举证责任。

在法律实务中，并非所有在法庭上提交的证据一定会得到法庭支持，证据的证明力瑕疵、取证手段的非正义都有可能导致该证据被法庭排除，也就是说，法庭在审理案件时对于证据有个原则，除非法律另有规定，否则不得采纳非法证据并将其作为定案的证据。因此，证据应当在法庭上出示，由当事人互相质证。未经当事人质证的证据，不得作为认定案件事实的根据。

在诉讼中，我们强调"以事实为依据"，而证据是确认事实的支柱。让我们记住：证据是我们最有力的武器，树立证据意识是打赢官司的必要条件之一。

在民事诉讼和行政诉讼中，确定了管辖法院，收集了足够证据，当事人作为原告可以向法院提出诉讼请求，这叫作"起诉"，也就是俗称的"告状"。起诉是迈向诉讼程序的第一步。起诉并不必然导致诉讼成立，只有法院审查起诉状认为符合法律规定条件后才会立案。立案表示法院接受起诉，这种活动称为受理，这时诉讼才成立，进入第一审程序，否则法院裁定不予受理。诉讼中指控的一方称为原告，被指控的一方称为被告。刑事诉讼与民事、行政诉讼不同，它是以立案为起点的。所谓立案，是指公安机关、检察院或法院对接受的报案、控告、举报或自首以及自己发现的材料进行审查，判断有无犯罪事实和是否应该追究刑事责任，并决定是否作为刑事案件进行侦查或审理的诉讼活动。

法院受理后，会将原告起诉状副本送交被告，由被告在规定时间内出具答辩状，再由法院将答辩状副本送交原告，在此期间，法院要确定开庭日期并通知双方当事人，至此就进入了诉讼的开庭审理环节。开庭审理是人民法院在法庭上依法对案件进行审理的诉讼活动，包括开庭准备、法庭调查、法庭辩论、评议与审判五个阶段。

知识链接

我国民事诉讼（一审）流程图如下图所示。

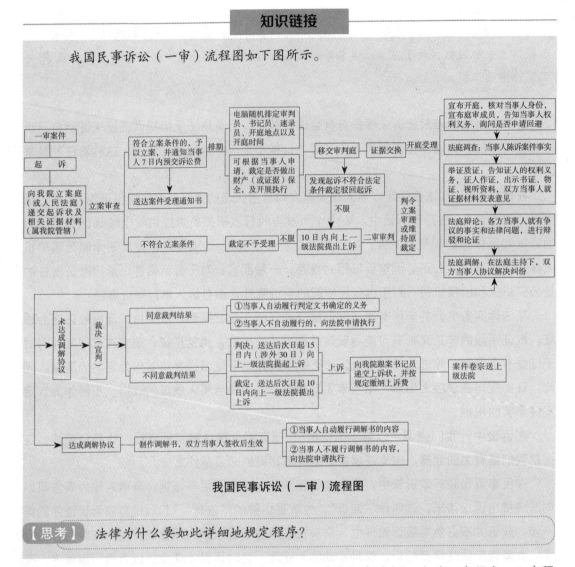

我国民事诉讼（一审）流程图

【思考】 法律为什么要如此详细地规定程序？

一审结束后，当事人不服一审判决或裁定的，有权提起上诉，启动二审程序。二审程序是法院审理上诉案件的程序，与一审程序相似。

由于我国实行两审终审制，因此二审裁判就是终审裁判，当事人不能再上诉。但是，如果当事人认为二审裁判仍确有错误，还可以向上一级人民法院申请再审；如果人民法院、人民检察院及其人员发现已经生效的裁判在认定事实或适用法律上确有错误，也可以主动启动再审程序，即审判监督程序。它是纠正生效裁判错误的特殊补救程序，但不是审理案件的必经程序。

第八课 崇尚程序正义，铭记依法维权

专题思考与实践

1. 某镇镇长在一次镇人代会上郑重指出："为维护全镇良好的社会秩序，加快全镇经济的发展，必须坚决做好依法治国方略的具体落实。具体来说，必须做到依法治镇、依法治村，要制定各种办法、规定来治理全镇的经济秩序和社会秩序，特别是重点治理有违法、违规行为的村民。"请从法治和人治的对比这个角度来对这段话做出分析。

2. 1995年年底，某医科大学因考虑到吸烟是世界公认的三大不良公害之一，而医学院又是培养健康卫士的地方，做出决定，从1996年起该校不招收吸烟学生。1996年年初，在北京召开的第十届世界烟草和健康大会组委会上，人们也发出了在全国医学院校开展禁烟活动的倡议，倡议从1996年起医学院不再招收吸烟的学生。此一举动受到部分媒体的关注和肯定，但也引起了吸烟学生和家长的反对。请从法律的角度，分析说明上述决定和倡议是否合适及其理由。

3. 建议在课余时间开展观摩法庭审判活动，体会审判程序，然后自行组建模拟法庭，亲历亲试，强化法律意识和程序意识。

专题四　自觉依法律己，避免违法犯罪

"在人生的赛场上，也有需要守住的底线。球丢掉了，失去的一分还可以拼回来，做人做事越过了底线，失去的也许永远无法挽回。"这是公益广告《林丹篇》里的一个片段。对羽毛球运动员来说，每打出一个球，眼睛始终要盯着底线，只有正确判断，坚守底线，才能守住胜利。同样地，对于正值青春年华的我们来说，在人生的赛场上，也有需要盯住的底线。

失去底线的人无所敬畏，结局往往一失足成千古恨。貌似无关痛痒的不良行为，如不加以重视和警醒，可能会发展为违法甚至犯罪！这就是"勿以恶小而为之"的道理。因此，我们要时刻保持底线意识，理性而不冲动，防微杜渐，杜绝不良行为，认清违法犯罪的本质和后果，自觉依法律己，并学会与违法犯罪做斗争。

第九课　预防一般违法行为

能否严于律己是衡量一个人道德修养高下的标准，也是增强法治观念的基本要求。生活中的法律"雷区"随处可见，如对自己的行为不加限制，一经触碰即构成违法，导致不良后果。我们一定要从思想上高度重视，避免自身的不良行为发展成违反治安管理的行为，增强违法须担责的责任意识，在思想上牢固树立起守法光荣、违法可耻的观念，严于律己，自我防范，杜绝违法行为。

一、勿由恶习染青春——坏习惯须重视，规范自身行为

警惕"小恶"行径

案海导航

青年周某叼着烟进入电梯，电梯内的一位中年妇女要求他把烟掐灭，遭到周某拒绝，两人发生口角。周某气不过，打了中年妇女一个耳光，保安前来处理时，周某又和保安发生了争执和拉扯行为，情急之下他将两名保安的手臂咬伤，后被警方带走调查。中年妇女轻微脑震荡，两名保安伤势无大碍。周某后被治安拘留并被罚款。

第九课 预防一般违法行为

观点一：该行为属于犯罪行为。

观点二：不就打个耳光吗？咬人也是情急之下的自然反应，赔礼道歉即可，大不了赔些医药费，犯得着处罚吗？

观点三：该行为违反了治安管理处罚法，警察的处罚是正确的。

【思考】
关于周某的行为，以下观点你同意谁的？理由是什么？

社会能够存在，并且稳定而有秩序地运行，离不开道德约束和各种行为规范，作为社会的一分子，个人的行为必须有界限，一个人如果缺乏道德意识、规则意识，难免会越界而做出违背道德甚至违法的行为。

违法行为是指违反现行法律法规，给社会造成某种危害的、有过错的行为。按照违反的法律类型，行为可分为行政违法行为、民事违法行为、刑事违法行为和违宪行为。其中，行政违法行为是指违反行政法律规范，侵害受法律保护的行政关系尚未构成犯罪的有过错的行政行为，如违反交通管理法规、扰乱社会治安等；民事违法行为是指违反民事法律规定，损害他人民事权利的行为，如合同违约、侵犯他人财产、名誉隐私等；刑事违法行为是指违反刑法且刑法明文规定为犯罪的行为，俗称犯罪行为。

违法行为按照情节严重程度分为一般违法行为和严重违法行为。民事违法行为和行政违法行为属于前者，刑事违法行为属于后者。然而，无论一般违法行为还是严重违法行为，都有一个共同的后果，就是要承担法律责任。因此，作为心智尚未完全成熟的中职生，要时刻谨记违法无小事，不要忽视一般违法行为的危害。

探究共享

情境一：小张家里养了一只大型犬，但出门遛狗时从来不拴狗链，他觉得这样很威风，邻居质疑他的做法，觉得这种做法会给他人尤其给小孩子带来危险，小张还不服气，让狗追着邻居以吓唬他们。

情境二：小徐是计算机专业的学生，是学校数一数二的计算机高手。为了增加自己的影响力，满足自我虚荣心，他利用黑客手段入侵当地一家知名网站，在该网站首页贴上自制的标语图片，还在朋友圈炫耀。

情境三：小朱是个无业青年，平时无所事事，出于恶作剧的心理，用公用电话不断拨打120急救热线，在电话中调侃、辱骂接线员，造成有真实急救需求的人因急救电话打不进而延误了救治时间。

【思考】
1.你身边有类似事情发生吗？
2.你知道这些行为是违法的吗？

生活中，常有够不上犯罪但又确实造成了社会危害的行为存在，如噪声扰民、偷拍隐私、阻碍交通、抢劫少量财物等。这些行为危害性不大，一些受害人往往自认倒霉，却不知道可以追究违法者的法律责任；一些侵害人往往思想上不重视，以为只是犯个小错而已，完全没有意识到已经涉嫌违法。这里讲到的法，就是治安管理处罚法。

所谓治安管理处罚，是指对扰乱公共秩序，妨害公共安全，侵犯人身权利、财产权利，妨害社会管理，具有社会危害性，尚不够刑事处罚的，由公安机关给予的处理惩罚。违反治安管理的行为涵盖面非常广，治安管理处罚法将它们分为四类：①扰乱公共秩序的行为；②妨害公共安全的行为；③侵犯人身权利、财产权利的行为；④妨害社会管理的行为。

知识链接

《中华人民共和国治安管理处罚条例》（以下简称《治安管理处罚法》）于2005年8月28日由十届全国人大常委会第十七次会议通过，自2006年3月1日起正式施行。全法共计6章119条，涵盖了社会治安出现的各种新情况、新问题。《治安管理处罚法》在维护社会治安秩序、保护公民合法权益等方面发挥了巨大作用，成为维护社会和谐稳定的重要依据。作为合格的守法公民，我们应该避免做出以下违反治安管理的行为。

一是扰乱公共秩序的行为，包括：扰乱单位工作秩序、公共场所秩序、公共交通工具秩序及破坏选举秩序的行为；扰乱文化、体育等大型群众性活动秩序的行为；散布谣言、投放虚假或者危险物质、扬言以危险行为扰乱公共秩序的行为；结伙斗殴、强拿卡要、损毁侵占公私财物等寻衅滋事的行为；利用邪教、会道门、迷信活动扰乱社会秩序、损害他人身体健康的行为；故意干扰无线电台业务正常进行且拒不采取有效措施消除的行为；非法入侵、破坏计算机信息系统的黑客行为。

二是妨害公共安全的行为，包括：违反危险物质管理国家规定的行为；非法携带国家规定的管制器具的行为；盗窃、损毁公共设施的行为；妨害航空、铁路、公路设施安全的行为；公共场所违反有关安全规定致使发生安全事故风险的行为。

三是侵犯人身权利、财产权利的行为，包括：非法限制人身自由行为；非法胁迫、诱骗、利用他人谋利的行为；写恐吓信、侮辱诽谤、诬告陷害、打击报复、窃取散布隐私的行为；殴打、猥亵、虐待、遗弃、强买强卖的行为；煽动民族仇恨、民族歧视的行为；冒领、隐匿、毁弃、私自开拆或者非法检查他人邮件的行为；盗窃、诈骗、哄抢、抢夺、敲诈勒索或者故意损毁公私财物的行为。

四是妨害社会管理的行为，包括：妨害公务、招摇撞骗的行为；成立非法社会团体，煽动、策划非法集会、游行、示威的行为；旅馆业工作人员、房屋出租方不尽安全监督义务的行为；制造噪声干扰他人正常生活的行为；违反国家规定的典当、收购行为；对非法人员及物品进行协助以逃避监管的行为；破坏文物、名胜古迹的行为；违背公序良俗的行为；涉毒行为；饲养动物干扰他人正常生活的行为。

惩治"小恶"之害

案海导航

4月1日是西方愚人节，这一天，不少人热衷玩弄各种有创意的"恶作剧"。不过，一名男子却因玩笑过头，被警方依法行政处罚。4月1日，某公安分局刑侦大队网安队在日常网络舆情巡查中发现了一条某在建楼盘垮塌致人伤亡的帖子。警方接报后，迅速组织警力开展核查，经核查，该楼盘在建项目还在正常施工，并没有发生任何倒塌情况。警方当即找到该微博博主谢某了解情况，谢某称4月1日是愚人节，便想忽悠一下自己的朋友，于是在4月1日凌晨随手编写了这条虚假信息发到自己的腾讯微博上，经警方批评教育，谢某对自己的行为感到很后悔。

网络时代，许多人热衷于在微信、微博、QQ等各类社交平台上发布各种各样的帖子。警方提示：网民在发表言论时，要以事实为依据，不要轻信谣言，制造虚假信息，如在公共场所散布谣言，谎报险情、疫情、警情，或者以其他方法故意扰乱公共秩序。

【思考】
警方应依据《治安管理处罚法》什么条款对该案当事人谢某进行处罚？

我国是法治国家，个人一旦违法就需要承担法律责任，违反治安管理的行为当然不能例外。根据治安违法行为的性质和轻重程度，《治安管理处罚法》相应规定了不同的处罚方式。

警告：公安机关对违反治安管理行为人的一种否定性评价。主要形式是提出口头告诫，属于最轻微的一种治安管理处罚，具有谴责和训诫作用，只适用于违反治安管理情节轻微的情形，或者违反治安管理行为人具有法定从轻、减轻处罚的情节的情况。警告由县级以上公安机关决定，也可以由公安派出所决定。

罚款：对违反治安管理行为人处以支付一定金钱义务的处罚。罚款的作用在于通过使违反治安管理行为人在经济上受到损失，起到对其的惩戒和教育作用。根据《治安管理处罚法》的规定，罚款一般由县级以上公安机关决定，但是对于500元以下的罚款，可以由公安派出所决定。

行政拘留：短期内剥夺违反治安管理行为人的人身自由的一种处罚，也是最为严厉的一种治安管理处罚。行政拘留一般分为五日以下、五日以上十日以下、十日以上十五日以下三个档次。另外，《治安管理处罚法》第十六条规定：有两种以上违反治安管理行为的，分别决定，合并执行。行政拘留处罚合并执行的，最长不超过二十日。行政拘留的处罚只能由县级以上人民政府公安机关决定。对被决定给予行政拘留处罚的人，在处罚决定生效后，由做出拘留决定的公安机关送达拘留所执行。

吊销公安机关发放的许可证：剥夺违反治安管理行为人已经取得的，由公安机关依法发放的从事某项与治安管理有关的行政许可事项的许可证，使其丧失继续从事该项行政许可事项的资格的一种处罚。此项处罚应当由县级以上人民政府公安机关决定。

对违反治安管理的外国人，《治安管理处罚法》规定可以对其附加适用限期出境或者驱逐出境。

探究共享

16岁的在校生赵某性格内向，在校表现优秀，在家也很孝顺。一天，赵某陪着母亲去菜场买菜，母亲与小贩因讨价还价发生口角，被几个小贩围住辱骂，赵某气愤之下，随手拿起手边杂物将其中一个小贩头部打伤，后经法医鉴定为轻微伤。公安局对赵某处以行政拘留5日，但并未执行。

【思考】
请查找《治安管理处罚法》的相关条款，说明该生的行政拘留为何可以不执行。你认为这一规定有什么意义？

古人云："勿以恶小而为之。"触犯法律，往往从并不起眼的小事开始。有人不注意规范自身行为，违反《治安管理处罚法》，还以"大错不犯"为理由自我开脱，殊不知坏事虽小，却能腐蚀一个人的灵魂，日积月累，就会从量变导致质变，最后跌入犯罪的深渊。再小的恶也是恶，恶虽小，常为之，聚沙成塔，带来的必然是更大的罪恶。违反治安管理的行为害人害己，法律的底线岂能突破！

名家金句

不虑于微，始成大患；不防于小，终亏大德。　　　　　　——佚名
千丈之堤，以蝼蚁之穴溃。　　　　　　　　　　　　　——佚名
失之毫厘，谬以千里。　　　　　　　　　　　　　　　——佚名

二、勿由私欲毁青春——少放纵多自控，杜绝不良行为

识别不良行为，远离"黄、赌、毒"

案海导航

初中毕业进入中职学校后，小明经常迟到、旷课，还恶意扰乱课堂教学纪律，学校决定对他处以记过处分。后来，小明与在网吧认识的"兄弟"一起勒索小学生，公安机关对他实行行政拘留3日的处罚，但他还没有悔过。一次，在勒索的过程中，小明把一个中学生打成重伤，被人民法院判处有期徒刑2年。

【思考】
小明走上违法犯罪的道路，是什么原因造成的？这给我们带来怎样的警示？

第九课　预防一般违法行为

青少年正值未成年向成年的过渡时期，拥有旺盛的精力和强烈的好奇心，思维敏捷、心智单纯，充满热情而又缺乏自控，如果缺乏理智的约束，他们很容易在不知不觉中形成不好的习惯、染上不良的行为。

俗话说，"小时偷针，大时偷金；小洞不补，大洞吃苦"，不良行为的形成是一个长期积累的过程，自身平时不注意小节，又得不到及时的外在力量的纠正，慢慢地，不良行为就会越来越严重，发展成为违法行为，甚至到犯罪的程度。

不良行为是指容易引发未成年人犯罪，严重违背社会公德，尚不够刑事处罚的行为。中职生大多尚未成年，一旦染上不良行为，很容易违法甚至犯罪。然而，不良行为因为大多数负面影响较为轻微，其危险性比违反治安管理的行为更易被忽视。因此，预防未成年人犯罪，必须从不良行为这个源头抓起，我国颁布的《中华人民共和国预防未成年人犯罪法》（以下简称《预防未成年人犯罪法》），正是为此而设。

知识链接

《预防未成年人犯罪法》由中华人民共和国第九届全国人民代表大会常务委员会第十次会议于1999年6月28日通过，自1999年11月1日起正式施行，2012年10月又进行了修订。《预防未成年人犯罪法》的制定在我国法制建设的实践中给犯罪学理论注入了一个新的观念，那就是"犯罪是可以预防的"。这部法律从未成年人的实际出发，提出预防未成年人犯罪要从预防不良行为抓起，把创造有利于未成年人身心健康发展的社会环境，作为预防未成年人犯罪工作的中心任务，突出了预防为主的思想，告诫未成年人，也告诫社会，应该做什么，不应该做什么。这种积极的预防，无疑有助于未成年人形成健康的人生观和各项权利的实现。该法自实施以来，在保护未成年人身心健康、优化未成年人成长环境方面发挥了重大作用。

《预防未成年人犯罪法》规定，未成年人不得有下列不良行为：旷课、夜不归宿；携带管制刀具；打架斗殴、辱骂他人；强行向他人索要财物；偷窃、故意毁坏财物；参与赌博或者变相赌博；观看、收听色情、淫秽的音像制品、读物等；进入法律、法规规定未成年人不适宜进入的营业性歌舞厅等场所；其他严重违背社会公德的不良行为。

探究共享

有的未成年人提出了这样的观点："这个时代什么都得赶早，趁着年轻犯犯法，不然成年了就没机会了！"你怎么看？

《预防未成年人犯罪法》还明确界定了"严重不良行为"的概念，它是指严重危害社会，

专题四 自觉依法律己，避免违法犯罪

尚不够刑事处罚的违法行为。这类行为包括：纠集他人结伙滋事，扰乱治安；携带管制刀具，屡教不改；多次拦截殴打他人或者强行索要他人财物；传播淫秽的读物或者音像制品等；进行淫乱或者色情、卖淫活动；多次偷窃；参与赌博，屡教不改；吸食、注射毒品；其他严重危害社会的行为。

专家点评

重视对不良行为的矫治，是《预防未成年人犯罪法》的显著特点之一。对未成年人不良行为的矫治目的就是预防犯罪，以利于未成年人的成长和发展。因此，《预防未成年人犯罪法》在总结过去行之有效的实践经验的基础上，对有严重不良行为的未成年人区别情况，提出了多种矫治措施：有的送工读学校，有的予以治安处罚或训诫等。

作为中职生的我们大都还是未成年人，正处于人生道路上关键的十字路口，正确的指示标会引导我们走向正确的方向，而严重不良行为就像偏转的箭头，误导我们距离光明的未来愈来愈远。其中，淫秽物品、赌博和毒品导致的不良行为危害尤甚，它们就像披着华丽外衣的恶魔，使接近它们的人迷失心性，一步步踏上了人生的不归路。

淫秽物品

毒品

赌博

专家点评

"黄、赌、毒"在旧中国曾经猖獗一时。新中国成立后，在政府的强力干预下，这个毒瘤曾一度在中国大陆绝迹。改革开放后，受国外腐朽思想的影响，"黄、赌、毒"又死灰复燃，再度成为社会公害，使得无数青少年受其蛊惑，深陷犯罪深渊，也给社会带来了很多危害。

"黄、赌、毒"指卖淫嫖娼，贩卖或者传播黄色信息、赌博、买卖或吸食毒品的违法犯罪现象。在中国，"黄、赌、毒"是法律严令禁止的活动，是政府主要打击的对象。

"黄、赌、毒"对人尤其是未成年人的危害极大。

未成年人接触淫秽物品有可能带来严重后果。淫秽物品中宣扬的性行为大都是非正常

的，传达的也是错误的性观念，会使身心发育尚未健全的未成年人陷入性的误区，发生早恋甚至早期性行为，严重的甚至实施性犯罪。

专家点评

当今社会，一些恶劣风气正在侵蚀未成年人群体，这个现象应当警惕。有的未成年人认为，双方你情我愿，属于个人自由，不应该被干涉，这是完全错误的观点。恰恰相反，所谓的你情我愿，与个人自由正好是相悖的，因为未成年人的心智还不成熟，很难区分双方尤其是女方究竟是自愿还是不自愿，所以在这种情况下，如果我们宽容这种思想和行为，无异于鼓励对对方思想和身体的强制甚至奴役，这本身就是对自由的侮辱。

未成年人参与赌博往往以悲剧收场。赌博易使人产生贪欲以及好逸恶劳、尔虞我诈、投机侥幸的错误思想，久而久之，会使我们的人生观、价值观发生扭曲，沦为金钱的奴隶。染上赌博的人，往往夜不归宿，耗费钱财，变卖家产，搞得家庭不和、妻离子散；原本友善的邻里关系、同事关系，却由于自己的赌博行为而濒临崩溃；还会因欠下赌债而铤而走险，走上违法犯罪的道路。

名家金句

上联：一元、二元、三元，元元都是血汗钱
下联：儿子、妻子、房子，子子都是家中宝
横批：绝不参赌

未成年人吸食注射毒品危害非常严重。毒品既会损害未成年人的身体健康，又会损害未成年人的心理健康。随着吸食注射毒品行为的不断严重，毒品犯罪会进一步泛滥，进而诱发其他刑事犯罪的产生，败坏了社会风气。

专家点评

毒品是指鸦片、海洛因、甲基苯丙胺（冰毒）、吗啡、大麻、可卡因以及国家规定管制的其他能够使人形成瘾癖的麻醉药品和精神药品。各类毒品都是对人体有严重危害的，根据科学测定，毒品会严重损害人的大脑、心肺、肾等的内分泌系统和自身免疫系统，尤其是注射式吸食毒品成瘾后，人周身乏力，形容枯槁，精神颓废，反应迟钝，喜怒无常，甚至咯血、心悸、身体功能减退。过量吸食、

拒绝毒品

注射毒品，则会导致死亡。未成年人吸食、注射毒品成瘾后，往往智力下降，注意力难以集中，情绪不稳，动不动就发怒；在人生观和世界观上，缺少了崇高的追求，意志消沉，控制力减退，变得自私自利。为筹集毒资，毒品本身还容易导致犯罪。吸毒成瘾的人，最起码的人格尊严都将丧失殆尽，道德沦丧，鲜廉寡耻，男性赌博，打架斗殴；女性出卖肉体，沦落风尘，害人害己。

要闻回眸

娱乐圈的不良风气给年轻人带来了很不好的示范，仅在2014年就有大量涉毒明星丑闻爆出，一批明星如尹相杰、房祖名、高虎、张耀扬、宁财神、李代沫、张默、柯正东、张元涉毒被抓。作为青少年，一定要有明确的是非观，与不法行为划清界限。

为了我们的锦绣前程，为了不让父母流泪，为了社会安定和谐，从现在起，让我们远离"黄、赌、毒"，健康成长！

远离"黄、赌、毒"

抵制不良诱惑，杜绝不良行为

案海导航

程光是一名中职新生，闲暇时爱看电影，尤其喜欢黑帮片，因为他觉得片中人物叼着烟的形象很"酷"，在生活中也常常模仿。慢慢地，程光交上了"道上"的朋友，也学会了抽烟，接着染上了毒品，最终被送入戒毒所强制戒毒，学校也将其开除。

青少年被电影中的抽烟形象吸引

【思考】
如果你是程光，而时光又可以倒流，你会怎么做？为什么？

杜绝不良行为是预防违法的主要途径，而抵制不良诱惑又是杜绝不良行为的思想壁垒。

思想是行动的先导,只有在思想上充分意识到不良诱惑可能导致的后果,筑起内心的防线,才能真正杜绝不良行为。

美好的事物能激励我们通过正当的途径和不懈的努力去追求真、善、美;不良诱惑则会对个人的成长和社会的进步产生极为不利的影响。

探究共享

青少年沉溺于网络与手机游戏

随着电脑和手机的普及,一些未成年人沉溺于网络游戏和手机游戏不可自拔,荒废学业,损失金钱,也给家庭、学校和社会带来了困扰。你觉得我们作为在校学生应该用怎样的态度来对待网游和手游?为什么?

要抵制不良诱惑,首先,我们必须充分认清抵制它需要克服的人性根源。诱惑之所以能引诱我们,是因为它都能较方便、直接地给我们带来快乐的享受,所以我们迫不及待地想得到它,而相比之下,学习、工作都是苦的。一方面是唾手可得的快乐,另一方面是显而易见的痛苦,这时人们非常愿意选择快乐,这是人类趋乐避苦的本能,这种本能是无力抵制诱惑的根本原因。然而,我们如果将目标放在经过一定的苦而获得的更大的更长远的快乐上,那么就取得了抵制诱惑的最佳内心武器,从而将自己的人生路走稳、走好。

其次,我们要学会相应的方法。慎重交友,提高判断能力;不盲目从众,提高自控能力;善于借力,请家长、老师、同学监督;依法自律,提高遵纪守法的意识。

最后,要抵制不良诱惑,我们还需培养坚强的意志和勇气。面对诱惑,我们要坚定地与其划清界限,拒绝做不负责任的事,坚持正确的选择,勇于直面非难。

知识链接

《预防未成年人犯罪法》对未成年人在对犯罪的自我防范方面做了如下规定:

第四十条 未成年人应当遵守法律、法规及社会公共道德规范,树立自尊、自律、自强意识,增强辨别是非和自我保护的能力,自觉抵制各种不良行为及违法犯罪行为的引诱和侵害。

第四十一条　被父母或者其他监护人遗弃、虐待的未成年人,有权向公安机关、民政部门、共产主义青年团、妇女联合会、未成年人保护组织或者学校、城市居民委员会、农村村民委员会请求保护。被请求的上述部门和组织都应当接受,根据情况需要采取救助措施的,应当先采取救助措施。

第四十二条　未成年人发现任何人对自己或者对其他未成年人实施本法第三章规定不得实施的行为或者犯罪行为,可以通过所在学校、其父母或者其他监护人向公安机关或者政府有关主管部门报告,也可以自己向上述机关报告。受理报告的机关应当及时依法查处。

第四十三条　对同犯罪行为做斗争以及举报犯罪行为的未成年人,司法机关、学校、社会应当加强保护,保障其不受打击报复。

第十课　避免误入犯罪歧途

触犯刑法，就有可能构成犯罪！犯罪对社会的危害超过任何一般违法行为，未成年人应该学会更好地预防犯罪，并与之进行坚决斗争。什么是犯罪？为什么要打击犯罪？未成年人为何更易犯罪？与犯罪做斗争如何做到有勇有谋？本课我们将共同探讨这些问题，通过学习在内心深处筑起樊篱，自觉预防犯罪，增长与犯罪斗争的智慧和勇气。

一、勿由无知误青春——先思考再行动，明确犯罪后果

犯罪与刑罚

案海导航

18岁的小明，不好好读书，经常与校外的几个"哥们儿"混在一起，出入娱乐场所，开销很大，手头拮据。一开始，小明还可以从家人那里编借口骗些钱，但家人得知真相后就断了其经济来源，于是小明就动起了歪念头。一天，他发现某小区有住户结婚，就琢磨着三天后新娘"回门"，新房里肯定没人，但新婚收的礼金肯定还在屋内。于是，经过踩点，小明撬窗入室，实施盗窃。然而，出乎他意料的是，翻箱倒柜一共才找到17元钱，而他的行为却被邻居发现了。于是小明被小区保安抓获并扭送公安机关，后检察院对小明提起公诉。经法院审理，小明盗窃罪成立。

【思考】
1. 该案例中，小明的盗窃金额并不大，却被判了刑，原因何在？
2. 究竟什么样的行为才能构成犯罪？

专家点评

《刑法修正案（八）》对入户盗窃，不论次数，不论盗窃价值的多少，一律追究刑事责任。入户盗窃不但侵犯了公民的财产权、住宅权，而且极易引发抢劫、杀人、强奸等恶性刑事案件，严重危及公民的人身和生命安全。基于入户盗窃的这一危害性，为了加强对人身、财产权的保护，刑法作此修改。

犯罪是最为严重的违法行为。然而近些年来，未成年人犯罪率呈上升趋势，这已成为

一个严重的社会问题。未成年人肩负着国家的未来，未成年人犯罪理当受到重视，因为这关系到未来国民素质的整体提升。对于未成年人个体而言，一旦犯罪，就会受到法律的严厉制裁，给人生留下污点，导致社会评价的降低，从而给自己的未来带来负面影响。因此，犯罪是我们成长道路上最为凶险的陷阱。

为了惩罚犯罪，保护人民，我们才需要刑法。《刑法》明确规定了如何界定犯罪以及如何处罚犯罪分子，也就是我们常说的"定罪量刑"。

知识链接

我国现行《刑法》是在1979年《刑法》的基础上，由第八届全国人民代表大会第五次会议于1997年3月14日修订后公布，自1997年10月1日起施行的，后又经多次修正。《刑法》全法分为总则、分则与附则三编，共四百五十二条，详细规定了各类犯罪及相应的刑罚。

根据《刑法》，犯罪是指具有严重的社会危害性，触犯了刑法，依据刑法的规定应当受到刑事处罚的行为。犯罪具有三个特征，即社会危害性、刑事违法性和应受刑罚处罚性。

知识链接

《刑法》第十三条规定："一切危害国家主权、领土完整和安全，分裂国家、颠覆人民民主专政的政权和推翻社会主义制度，破坏社会秩序和经济秩序，侵犯国有财产或者劳动群众集体所有的财产，侵犯公民私人所有的财产，侵犯公民的人身权利、民主权利和其他权利，以及其他危害社会的行为，依照法律应当受刑罚处罚的，都是犯罪，但是情节显著轻微危害不大的，不认为是犯罪。"

社会危害性即对国家、集体或公民个人有程度不同的危害，是犯罪的本质特征。不过，并非所有具有社会危害性的行为都属于犯罪行为，只有该行为危害社会的程度严重到不得不由《刑法》加以干预时，才构成犯罪。

专家点评

我国《刑法》规定了10类性质不同的危害社会行为，分别是：危害国家安全罪；危害公共安全罪；破坏社会主义市场经济秩序罪；侵犯公民人身权利、民主权利罪；侵犯财产罪；妨害社会管理秩序罪；危害国防利益罪；贪污贿赂罪；渎职罪；军人违反职责罪。每一类的社会危害行为还包括不同的具体危害行为。各种犯罪行为的社会危害性程度不同，以危害国家安全罪的危害性最为严重。

第十课　避免误入犯罪歧途

要闻回眸

2015年5月21日，江苏省国家安全厅通报了破获的三起通过网络勾连策反间谍案例的相关情况。其中涉及机密级文件六件，多起案件涉及军事设施和政府内部期刊、文件。

其中，"90后"的顾某，在某招聘网站求职过程中，接受境外人士委托，先后29次前往驻苏某部队军事目标区进行信息搜集，并用手机拍摄了大量动态性涉及军事领域的照片。顾某还购置了行车记录仪，多次赴军事目标区附近尾随跟拍军车，标注军车训练线路图。顾某共向境外报送我涉军照片93张、标注地图33张、卫星地图25张、走访报告29份，先后获取间谍活动经费34 460元。经鉴定，其报送的情资中有机密级文件1份、秘密级文件3份。2015年2月，顾某被苏州市国家安全局依法执行逮捕并被苏州市中级人民法院判刑。

【思考】
拍几张照片怎么就被判刑，你认为法院的做法正确吗？为什么？

刑事违法性即违反刑事法律规定的禁令。它是社会危害性的法律表现，是犯罪行为必不可少的一个特征。触犯刑法，表明行为的社会危害性已经达到相当严重的程度；行为虽有一定社会危害性，但由于情节显著轻微，没有达到《刑法》规定的构成犯罪的严重程度，则不认为具有刑事违法性，从而也不认为是犯罪。因此，刑事违法性是区分犯罪与其他违法行为的法律分界线。

专家点评

"罪刑法定"即某一行为是否构成犯罪，构成什么罪，对犯罪处什么刑，均须由法律预先明文规定，是全世界公认的刑法原则，我国也不例外。我国《刑法》第三条明确规定："法律明文规定为犯罪行为的，依照法律定罪处刑；法律没有明文规定为犯罪行为的，不得定罪处刑。"简单来说，可以概括为"法无明文规定不定罪，法无明文规定不处罚"。该原则将犯罪的定性和惩罚严格限制于法律的明文规定之内，防止了司法人员对裁判权的滥用，保障了人权。犯罪的刑事违法性特征正是罪刑法定原则在刑法上的体现。

应受刑罚处罚性即触犯刑法应当承担相应的法律后果。在绝大多数场合，受刑罚惩罚是犯罪的必然结果。犯罪与刑罚紧密联系、相互依存，犯罪是刑罚的前提，刑罚是犯罪的结局。刑罚既要与犯罪性质相适应，又要与犯罪情节相适应，还要与犯罪人的人身危险性相适应，这就是《刑法》中的罪刑相适应原则。

专家点评

"罪刑相适应"原则有时又被称为罪刑均衡、罪行相应（相称）。简单说，可以概括为"重罪重判，轻罪轻判，罚当其罪，罪刑相称"。我国《刑法》第五条明确规定，"刑罚的轻重，应当与犯罪分子所犯罪行和承担的刑事责任相适应"，就是该原则的体现。

刑罚是国家审判机关依法对犯罪分子使用的最严厉的强制性法律制裁方法，是对付犯罪的主要工具。刑罚的严厉性是其他处罚方法不可比拟的，它不仅可以剥夺罪犯的财产和资格，还能限制或剥夺罪犯的自由甚至生命。

根据我国《刑法》的规定，刑事处罚包括主刑和附加刑两部分。主刑有管制、拘役、有期徒刑、无期徒刑和死刑，附加刑有罚金、剥夺政治权利和没收财产，此外还有适用于犯罪的外国人的驱逐出境。主刑只能独立适用，不能作为其他刑罚方法的附加来适用；附加刑是补充主刑适用的刑罚方法，它既可以独立适用，也可以附加适用。

探究共享

以下判决词的写法有没有问题？为什么？

判决一：判处有期徒刑3年，并处罚金人民币2 000元。

判决二：判处没收个人财产30万元。

判决三：判处有期徒刑5年，并处拘役6个月。

专家点评

管制是指对犯罪分子不实行关押，但限制其一定自由，依法由社区矫正的刑罚方法，是我国刑罚种类之一，属于主刑的一种。管制是最轻的主刑，是我国独创的一种刑罚。拘役是剥夺犯罪人短期人身自由，就近实行强制劳动改造的刑罚方法。在我国刑罚体系中，拘役是介于管制与有期徒刑之间的一种主刑。有期徒刑是剥夺犯罪分子一定期限的人身自由，实行强制劳动改造的刑罚方法。有期徒刑是剥夺自由刑的主刑，其刑罚幅度变化较大，从较轻犯罪到较重犯罪都可以适用。因此，在我国刑罚体系中，有期徒刑居于中心地位。无期徒刑是剥夺犯罪分子终身自由，并强制劳动改造的刑罚方法。死刑是我国刑罚中最重的一种，是剥夺犯罪人生命的刑罚方法，包括死刑立即执行和死刑缓期执行两种，死刑是严格控制的。

罚金是指由人民法院判决的、强制犯罪分子向国家缴纳一定数额的金钱，从经济上对犯罪分子实行制裁的刑事处罚，其适用对象为经济犯罪、财产犯罪和某些故意犯罪。剥夺政治权利是指剥夺犯罪分子参加国家管理与政治活动权利的刑罚方法。没收财产是指将犯罪人所有财产的一部分或全部强制无偿地收归国有的刑罚方法。此外，针对外国人的驱逐出境，可以独立适用，也可以附加适用。

刑法的作用

案海导航

陈某，17岁，自小恃宠而骄，一向唯我独尊，无论是在学校里还是在社会上，都吃不得半点亏、受不得半点气，动不动就跟同学吵架、打架。父母还经常教他：谁欺负你你就和他拼，拼不赢有我们呢！于是，陈某慢慢在学校里成了出名的打架大王，还与校内外的一些人结成团伙，只要觉得谁不顺眼，就找他的麻烦，然后狠狠收拾对方一顿。一天，陈某因怀疑同学张某在背后说自己的坏话，还向老师告"黑状"，便趁张某值日时，拿刀朝张某乱戳，致使张某死亡。因陈某还未成年，法院判处了陈某有期徒刑。

【思考】
1. 陈某的犯罪行为会带来哪些危害？
2. 在打击这些犯罪的过程中，《刑法》除了惩罚犯罪以外，还有什么作用？

犯罪行为对社会的伤害是显而易见的，这是与犯罪做斗争的刑法存在的意义所在。我国历来重视打击犯罪行为，制定《刑法》的任务和目的就是惩罚犯罪，保护人民。惩罚犯罪与保护人民这两个方面是密切联系、有机统一的，惩罚犯罪本身并不是《刑法》的目的，而是保护人民合法权益的手段。

知识链接

《刑法》第一条规定：为了惩罚犯罪，保护人民，根据宪法，结合我国同犯罪做斗争的具体经验及实际情况，制定本法。

《刑法》第二条规定：中华人民共和国刑法的任务，是用刑罚同一切犯罪行为做斗争，以保卫国家安全，保卫人民民主专政的政权和社会主义制度，保护国有财产和劳动群众集体所有的财产，保护公民私人所有的财产，保护公民的人身权利、民主权利和其他权利，维护社会秩序、经济秩序，保障社会主义建设事业的顺利进行。

《刑法》在维护国家政治稳定、社会和谐方面发挥了积极的作用，主要体现在以下几个方面：

其一，打击犯罪。《刑法》使用最严厉的国家制裁手段，即刑罚，对犯罪分子予以严惩，使他们充分品尝到触犯《刑法》的沉重代价，进而丧失了再犯的能力，迫使他们改邪归正，不再作恶。

其二，预防犯罪。《刑法》在惩治犯罪分子的同时，对潜在的已有犯罪动机尚未实施犯罪行为的犯罪人具有较强的震慑作用，使其不得不放弃犯罪的念头，悬崖勒马。同时，对不知刑法、不懂《刑法》的普通人也有较强的教育作用，有利于全社会犯罪率的降低。

其三，保障人权。刑法惩罚犯罪，其最终目的还是保护国家和人民的利益。无论是对国家安全的保护、公私财产的保护，还是对公民人身、民主及其他权利的保护，最后都会落实到保障人权上来。因为刑法只有以保护合法权益、反对任何非法侵犯的原则立场，建立起良好的社会秩序和稳定的社会环境，才能开创国家政治稳定，人民皆有免于恐惧的自由、安居乐业的局面，人权才能得到更充分的保障。

其四，维护公义。一个和谐的社会应该是公平正义、安定有序的社会，而犯罪却是对社会公平和正义的公然蔑视，是对社会秩序的严重破坏。刑法对犯罪进行了最严厉的打击，同时约束执法人员严格按照法律规定保护公民不受非法侵犯，最有效地换来公平和正义。

在全面推进依法治国、建设社会主义法治国家已成全党、全国、全社会共识的背景下，《刑法》作为我国法律体系中一个重要的法律部门，在管理社会、惩治犯罪方面具有非常重大的意义。同时，作为"底线法"，我国《刑法》正不断地向惩罚犯罪与保障人权并重，以及刑事打击与综合治理相结合的方向努力。

二、勿由遗憾伴青春——有理智有节制，善于应对犯罪

保持理智，拒绝犯罪

案海导航

两名素未谋面的年轻人，通过同一个女孩在网上相识，本是件好事却发展为在网上争风吃醋，最终跨地区"约架"，导致一死一伤。

涉案嫌疑人黄某今年18岁，在一家餐厅打工，他一直在追求打工认识的女孩小燕，但小燕始终没有同意，双方只是QQ好友。案发前几天，黄某进入小燕的QQ空间，发现另一名网友海某给小燕的留言："给我一次机会，爱你一辈子。"黄某顿时醋意大发，他认为海某与小燕一定有染。海某虽在异地，但通过小燕介绍，和黄某也成了QQ好友。

两人并未谋面，但黄某心中充满怨气，他决定通过QQ向海某兴师问罪。谁知，两人在网上发生了争吵，随后愈演愈烈，继而转为电话对骂，最终，双方矛盾升级，于是开始"约架"。

海某由于身处异地，于是就打电话给朋友李某，让他帮忙"教训"在网上结仇的黄某。

李某今年18岁，与黄某在同一个城市，他叫上了自己的哥哥和另外两个朋友，

而黄某则叫来了在同一家餐厅打工的马某、刘某等6人。双方"约架"的地点定在当地一家KTV门前,双方在KTV门前发生混战,李某的哥哥掏出匕首捅向马某腹部,黄某一方见状四散逃跑。刘某逃跑时不慎摔倒在地,李某的哥哥追到刘某后又向其背部捅了一刀。随后李某一方四人逃离现场,25岁的马某最终因失血过多当场死亡,刘某也被捅成重伤,由于送医及时被抢救了过来。

当地公安部门接到报警后迅速赶到现场,很快便查明案情,接着将涉案嫌疑人李某和李某的哥哥及主要涉案嫌疑人全部抓获。黄某等7名涉案嫌疑人也在医院落网。

令人大跌眼镜的是,经过刑侦大队调查,小燕与海某只是普通网友,海某发给小燕的那句留言,是一款网络游戏中附带的一句话。

李某的哥哥因涉嫌故意杀人被依法刑事拘留,黄某、李某等9人因参与聚众斗殴被刑事拘留,他们中最大的20岁,最小的才16岁。指使聚众斗殴的海某,被警方上网追逃。

【思考】

素未谋面的人,为了一两句话就大动干戈,从而引发恶果,这是未成年人犯罪常见的情况。那么,是什么原因导致未成年人特别容易"激情"犯罪呢?

青春充满着无限生机和诗情画意,也充斥着矛盾困惑和年少轻狂。身处青春这个美好的季节,我们有自己的理想,有想追求的东西。当我们踏着青春的旋律,满怀壮志地去实现梦想的时候,一定要认准人生的方向,稍有偏差,就可能陷入犯罪的泥潭不可自拔。青春期成为犯罪的高发期,固然与家庭、学校和社会的某些因素相关,但最主要的原因还在于未成年人自身。从生理上看,我们的身体特征越来越接近成人;从心理上看,我们越来越渴望独立做主,然而,未成年人的特点决定了我们在思想道德品质和法律观念上还存在严重的欠缺,辨别能力不强,易受不良风气和文化的诱导及坏人的拉拢和挑唆,进而因一时冲动铸成大错。

专家点评

未成年人犯罪具有区别于成年人犯罪的显著特点,这与未成年人在这一特定年龄阶段下所固有的生理和心理特点分不开。

未成年人生理功能迅速发育,使他们的活动量增大,日常学习生活之余仍有大量过剩的精力和体力,在外界不良因素的影响下,过剩的精力常常用之不当;未成年人内分泌非常旺盛,大脑常常处于兴奋的状态,但自我控制能力欠缺,容易出现冲动性和情景性犯罪;未成年人性功能逐渐发育成熟,从而产生强烈的性意识,有接触异性的需求,有了性的欲望和冲动,但自我控制能力差,易导致性方面的违法犯罪;未成年人对于内心的困惑和疑虑,不轻易向家人、老师吐露,却喜欢寻求同龄人的心理支持,易被人引诱走上犯罪道路;未成年人好奇心旺盛,易受暗示而模仿,自觉或不自觉地受不良社会

专题四 自觉依法律己，避免违法犯罪

风气影响；未成年人对自己估计过高，强烈要求独立自主，可能因逃离父母管束而产生强烈的逆反心理和报复心理；未成年人情绪的兴奋性高、波动性大，遇事冲动，好感情用事，难以保持理智，会不计后果行事。

探究共享

一个好的矛盾解决机制应该是一个讲理的机制，讲理能讲得通，大家都服理，而不是服从武力。如果动辄以动武等偏激的手段处理矛盾，非但问题没彻底解决，反而还会引发更大的危险。作为未成年人，面对矛盾时，我们如何才能做到"有话好好说"呢？

个别未成年人步入犯罪歧途，与他们错误的人生观、价值观有着密不可分的关系。

名家金句

青年的价值取向决定了未来整个社会的价值取向，而青年又处在价值观形成和确立的时期，抓好这一时期的价值观养成十分重要。 ——习近平

人生的扣子从一开始就要扣好。 ——习近平

青少年时期是人生中的关键阶段，不仅是增长知识的最佳时机，也是确立正确的人生观和价值观的重要时期。但在物欲横流、信息化、价值取向多元化的今天，及时行乐、不求长远的谬误人生观和拜金、自私的错误价值观严重影响着青少年的身心健康，个别未成年人不分善恶、不知美丑、不辨是非，恣意妄为，直到违法犯罪后被绳之以法，真正见识到法律的威严时，才追悔莫及。

因此，正确的人生观和价值观对未成年人的成才起着决定性的作用。只有树立正确的人生观和价值观，才能在纷繁复杂的现实生活中保持清醒的头脑，明辨是非，把握人生成才的方向。

未成年人是国家的未来，尽管少数未成年人实施了法律规定的犯罪行为，但我国法律对未成年人犯罪一直持宽容的态度，一贯秉承"教育为主，惩罚为辅"原则。我国《刑法》规定，犯罪人若没有达到法律规定的年龄，则不用负相应的刑事责任。这样的规定是为了最大限度地教育和挽救走上犯罪道路的未成年人。

知识链接

《刑法》第十七条规定："……已满十四周岁不满十六周岁的人，犯故意杀人、故意伤害致人重伤或者死亡、强奸、抢劫、贩卖毒品、放火、爆炸、投毒罪的，应当负刑事责任。已满十四周岁不满十八周岁的人犯罪，应当从轻或者减轻处罚。因不满十六周岁不予刑事处罚的，责令他的家长或者监护人加以管教；在必要的时候，

也可以由政府收容教养。"

《刑法》第四十九条规定:"犯罪的时候不满十八周岁的人和审判的时候怀孕的妇女,不适用死刑……"

人生是踏上就回不了头的路,青春是打开就合不上的书。每个人都曾拥有自己的青春,都曾用自己手中的笔去描绘它,然而,二者并不完全等效。庸者总会傲慢地认为青春是一个无底洞,智者则会谦卑地认为青春是上帝借我们的一架云梯,时间到了总要归还。青春容不得挥霍,我们应当学会在合适的时间做正确的事,对其他未成年人犯罪的事实引以为戒,拒绝犯罪,走好自己的人生路!

有勇有谋,应对犯罪

探究共享

波士顿犹太人屠杀纪念碑上铭刻着德国新教教士马丁·尼莫拉的短诗:"在德国,起初他们追杀共产主义者,我没有说话,因为我不是共产主义者;接着他们追杀犹太人,我没有说话,因为我不是犹太人;后来他们追杀工会成员,我没有说话,因为我不是工会成员;此后,他们追杀天主教徒,我没有说话,因为我是新教教徒;最后他们奔我而来,却再也没有人站起来为我说话了!"

【思考】
1. 这首诗给你带来什么启示?
2. 在日常生活中,如果你遇到了侵害他人的犯罪行为,会挺身而出吗?

在制裁违法惩处犯罪的斗争中,公、检、法等执法机关发挥着重要作用。但是,同违法犯罪做斗争不只是执法机关的任务,还需要广大人民群众的支持,因为同违法犯罪做斗争,也是公民义不容辞的责任。"事不关己,漠不关心"和"多一事不如少一事"等极其有害的观念,使得在一些场合,社会正气树不起来,违法犯罪活动猖狂。只有在全社会范围内,形成见义勇为、勇于护法的良好氛围,才能有效地预防和减少犯罪。因此,我国法律鼓励、支持公民见义勇为,同违法犯罪做斗争的行为。

专家点评

在我国,为倡导社会正气,对见义勇为者应当坚持以下救济原则。
1. 国家先行补偿原则

见义勇为是一种有益于国家和社会的行为,这是没有任何异议的。因此,国家对见义勇为行为人所受到的损害进行补偿就是理所当然、顺理成章的事情。目前,实行的是对见义勇为者的奖励政策。奖励政策固然有必要,但仅有奖励而无补偿显然是很不够的,弥补见义勇为者的损失也很重要。

2. 鼓励见义勇为者的平衡利益原则

在见义勇为实施过程中，由于见义勇为行为人的行为都是在紧急情况下做出的，来不及全面考虑和仔细斟酌，往往会出现损害他人的合法权益的情况；在见义勇为实施过程中，由于行为人力所不及，或采取措施不当，所以自己往往会受到较大伤害。对于这种情况，我们要正确处理。

3. 侵害人赔偿原则

国家在对见义勇为行为人补偿时，要对侵权责任人进行追偿，应当鼓励侵权行为人对见义勇为行为人进行及时而有效的赔偿，如果侵权行为人对见义勇为行为人进行及时而有效的赔偿，在涉及对其违法犯罪行为进行处罚时要考虑予以从轻。

4. 受益人补偿原则

受益人因见义勇为行为人的见义勇为行为而获益，理应对因此遭受损失的见义勇为行为人加以补偿，法律对此也有明确规定。国家在对见义勇为行为人补偿后，应追究受益人的补偿责任，这也有助于受益人负起责任来，认真而又高度注意地保护其合法权益。在涉及受益人补偿规范时也应当鼓励受益人对见义勇为行为人及时而有效地补偿，补偿后确实使自己的生活陷入困难时，国家可再对其困难予以帮助。其目的就是要使见义勇为行为人及时而有效地得到救济，使见义勇为行为人及早感受到社会反馈给他的温暖和回报。

我国《刑法》以鼓励公民与正在进行的不法侵害做斗争进而保障社会公共利益及公民正当权利为目的，明确规定了正当防卫制度。所谓正当防卫，是指为了使国家、公共利益、本人或者他人的人身、财产和其他权利免受正在进行的不法侵害，而采取的制止不法侵害且对不法侵害人造成损害的行为。

专家点评

见义勇为是一种道德标准，而正当防卫是一个法律概念，它们是有区别的。正当防卫既可以是为保护自身利益，也可以是为保护他人或国家利益，见义勇为一般是为了保护他人或国家利益；正当防卫一般针对违法犯罪行为进行，见义勇为既可针对犯罪行为也可针对其他自然原因等造成的困难。

探究共享

李某是一所职业学校的住校生，与其住同一宿舍的还有朱某、苏某、焦某等人。一次长假后回校，朱某、苏某、焦某晚上11点才到宿舍，便打电话让李某开门，李某见时间太晚便没有理睬。于是，苏某、朱某、焦某踢开李某的房门，揪住李某便打，李某顺手拿起水果刀乱捅，将朱某颈部戳伤。经鉴定，朱某属二级伤残，损伤程度属重伤，李某因涉嫌故意伤害罪被刑拘。最终，人民法院判处李某有期徒刑两年六个月。

第十课 避免误入犯罪歧途

【思考】

李某的行为构成正当防卫吗？

法律赋予每个人的正当防卫权利不可滥用，必须符合一定的条件。在《刑法》理论上，必须同时具备五个条件：一是正当防卫的起因条件，即必须有不法侵害行为发生；二是正当防卫的时间条件，即不法侵害行为必须正在进行；三是正当防卫的对象条件，即只能针对不法侵害者本人实施，而不能涉及与侵害行为无关的第三人；四是正当防卫的主观条件，即防卫行为的动机必须是基于防卫意图；五是正当防卫的限度条件，即防卫不能超过必要限度，对不法侵害人造成重大损害。只有同时符合这些条件，正当防卫才能成立；如果不符合正当防卫的条件而造成损害，就要承担相应的法律责任。

专家点评

为保护公民人身安全，我国《刑法》针对严重暴力犯罪还规定了特殊的防卫内容，公民在某些特定的情况下所实施的正当防卫行为，没有必要限度的限制，对其防卫行为的任何后果均不负刑事责任。这些特定情况主要是指对正在进行行凶、杀人、抢劫、强奸、绑架，以及其他严重危及人身安全的暴力犯罪进行防卫。

要闻回眸

抢救落水儿童 两名大学生遇难
人物：张昊 张雪峰
身份：辽宁医学院畜牧兽医专业学生
事迹：2007年7月6日下午3时许，林博、张昊和张雪峰为救落水少年跃入小凌河中。少年得救，张昊和张雪峰不幸遇难。教育部授予张昊、张雪峰、林博同学"全国优秀大学生"荣誉称号。

孤身勇斗三窃贼 大学生负伤去世
人物：杨继斌
身份：云南农业大学体育学院大二学生
事迹：2008年春节前夕，杨继斌在放假回家途中，为帮助车上乘客追回被盗的手提电脑，与3名歹徒进行殊死搏斗，被歹徒用刀刺破肝脏，献出了自己年仅23岁的宝贵生命。

制止行窃 大学生被连刺三刀身亡
人物：秦占丰
身份：首都经济贸易大学19岁的大学生
事迹：2005年4月29日晚，秦占丰护送两名女同学回家。几人行至丰台区一过街天桥时，秦占丰发现有窃贼扒窃一女同学的背包，秦占丰上前抓小偷，结果被小偷连扎3刀不幸身亡。秦占丰被追认为中国共产党党员，同时被追授"见义勇为积极分子"称号。

追捕小偷 大学生被刺身亡
人物：汪洋
身份：复旦大学上海视觉艺术学院二年级学生
事迹：2006年11月26日下午3时许，在上海宋江大学城的一个食堂里，汪洋与同学看到一个男青年窃得一名女大学生的手机后逃窜。他和同学紧追其后，在一网吧的卫生间里将这名小偷抓获。小偷拔刀猛刺汪洋胸部后逃窜，汪洋因失血过多牺牲。

见义勇为案例

【思考】
1. 你如何评价他们的行为？
2. 如果你是他们，你会怎么做呢？

见义勇为是非常可贵的品质，理应得到全社会赞誉和敬佩。然而，我们身为未成年人，与犯罪分子直接对抗并不具优势，不但难以制止犯罪，还很有可能会受到伤害。因此，我们在面对犯罪行为时不仅要勇于斗争，更要善于斗争。有勇有谋，才能最有效地打击犯罪。

专家提醒

见义勇为是中华民族的传统美德。但是，肯定未成年人见义勇为的精神，并不等同于同时提倡舍己救人这种做法。未成年人是社会的特殊群体，他们在心智和身体发育方面还很不健全，在他人遇到危险的时候，他们难以及时对自己直接采取救援行动将产生何种效果和结果做出准确的预见和判断。在这种情况下，他们挺身而出就好比鸡蛋碰石头，舍身而救不了人，却给家庭和社会带来永远难以弥补的创伤和损失。因此，无论从实际效果来看，还是从未成年人本身就是社会应当给予特殊保护的对象来说，他们既不应当负有舍身救人的法定义务，也不应当负有舍身救人的道德义务。

当未成年人遭遇违法犯罪，在双方力量对比悬殊的情况下，可以巧妙借助他人或社会的力量，采取灵活多变的方式，保全自己，减少伤害。拨打"110"报警电话、与歹徒周旋等待救援、牢记歹徒体貌特征和去向、保护作案现场都是常用的方法。

规范职场行为，谨防职务犯罪

要闻回眸

王振丽、王小婷不求上进，追求物质享受，入不敷出。于是二人利用暑期超市打工收银工作之便，分别各自串通4名社会人员"内外勾结"，由4名社会人员将大宗商品带至收银台，王振丽或王小婷以极低的价格出售商品，以此达到盗窃的目的。办案民警果断出击，将以王春林为首的其他4名犯罪嫌疑人抓获归案，并从其家中查获大批尚未转移的被盗商品。经审讯，4人交代，近两月以来，分别与王振丽、王小婷"里应外合"盗窃超市商品20余起，盗窃总价值3万余元，等待他们的是法律的严惩。

【思考】
1. 王振丽、王小婷涉嫌犯罪与其身份有何关联？
2. 应当如何从自身做起，防止重蹈其覆辙？

第十课　避免误入犯罪歧途

职务犯罪作为一种社会历史现象，俗称"腐败"，广大人民群众对此深恶痛绝，强烈要求惩治和消灭职务犯罪，以维护自身利益和政府的威信。腐败植根于人性中最黑暗的部分，如果得不到有效的制约，任何人都有可能被其传染。我们现在身在校园，迟早会走上社会，走上生产、服务、管理的第一线。如果不能在工作中树立正确的权力观，经不起诱惑，就有可能利用手中掌握的权力资源满足私欲，走上职务犯罪的不归路。

反腐败

所谓职务犯罪，是指国家机关、国有公司、企业事业单位、人民团体工作人员利用已有职权实施的犯罪。这意味着不仅是国家工作人员，非国家工作人员如企业和其他单位的工作人员也有可能实施职务犯罪。常见的职务犯罪包括国家工作人员贪污、挪用公款，受贿行贿，滥用职权，玩忽职守与非国家工作人员利用职务侵占、挪用资金等。具体的内容在我国《刑法分则》第八章"贪污贿赂罪"和第九章"渎职罪"中有专门的规定。

专家点评

我国《刑法》第四条规定："对任何人犯罪，在适用法律上一律平等。不允许任何人有超越法律的特权。"这就是适用刑法人人平等原则，这是法律面前人人平等原则在刑法领域贯彻实施的表现。在我国严打贪腐的大背景下，尤其要注重在职务犯罪领域的司法实践中杜绝刑法适用不平等现象，保证任何人不得享有超越刑法规定的特权，只要犯罪，都应当受到刑法追究，适用刑法不得因犯罪人的社会地位、家庭出身、职业状况、财产状况、政治面貌、才能业绩的差异而有所区别。

专题四 自觉依法律己，避免违法犯罪

要闻回眸

> 新形势下，我们党面临着许多严峻挑战，党内存在着许多亟待解决的问题。尤其是一些党员干部中发生的贪污腐败、脱离群众、形式主义、官僚主义等问题，必须下大气力解决。全党必须警醒起来，打铁还需自身硬。
> ——2012年11月15日，习近平在新一届政治局常委见面会上说

> "物必先腐，而后虫生。"近年来，一些国家因长期积累的矛盾导致民怨载道、社会动荡、政权垮台，其中贪污腐败就是一个很重要的原因。
> ——2012年11月17日，习近平在政治局第一次集体学习上讲话

> 衡量一名共产党员、一名领导干部是否具有共产主义远大理想，是有客观标准的，那就要看他能否坚持全心全意为人民服务的根本宗旨，能否吃苦在前、享受在后，能否勤奋工作、廉洁奉公，能否为理想而奋不顾身去拼搏、去奋斗、去献出自己的全部精力乃至生命。一切迷惘迟疑的观点，一切及时行乐的思想，一切贪图私利的行为，一切无所为的作风，都是与此格格不入的。
> ——2013年1月5日，习近平在十八大精神研讨开班式上说

> 坚持从严治警，坚决反对执法不公、司法腐败，进一步提高执法能力，进一步增强人民群众安全感和满意度，进一步提高政法工作亲和力、公信力，努力让人民群众在每一个司法案件中都能感受到公平正义。
> ——2013年1月7日，习近平在全国政法工作电视电话会议上说

> 从严治党，惩治这一手决不能放松。要坚定理想信念，始终把人民放在心中最高的位置，弘扬党的光荣传统和优良作风，坚决反对形式主义、官僚主义，坚决反对享乐主义、奢靡之风，坚决同一切消极腐败现象作斗争，永葆共产党人政治本色，矢志不移为党和人民事业而奋斗。
> ——2013年3月17日，习近平在两会闭幕式上讲话

> 全党同志一定要从这样的政治高度来认识这个问题，从思想上警醒起来，牢记"两个务必"，坚定不移转变作风，坚定不移反对腐败，切实做到踏石留印、抓铁有痕，不断以反腐倡廉的新进展、新成效取信于民。
> ——2013年4月19日，习近平在政治局反腐倡廉第五次集体学习上说

习近平反腐语录

人的一生，金钱、地位、名誉等诱惑实在太多了，于是很多人在诱惑面前，破除了底线、丢弃了操守、丧失了原则和立场，最终锒铛入狱，自食苦果。我们青年一代一定要树立正确的世界观、人生观和价值观，珍惜自己的美好青春和来之不易的工作岗位，警惕社会上的不良思潮，遏制自身膨胀的欲望，自尊自爱，自立自强，遵纪守法，规范自身的职业行为，不让腐败侵蚀纯洁的心灵，这样才能在未来的职业活动中得到真正和永久的幸福！

专题思考与实践

1. 有些同学谈到校纪校规就觉得那是一种束缚，可是，有多少同学仔仔细细去研读过校纪校规呢？建议你花时间再去重温校纪校规，尤其要审视校纪校规中列出的不良行为，抛开一切成见，就事论事地思考这些行为最终可能导致的后果，并在班级主题活动时进行分享。

2. 有这么几件发人深省的事儿：一位留学德国的中国高材生，以优异成绩从某

名牌大学毕业,可求职时,被多家公司拒收。高不成只好低就,他就找了一家小公司。结果,小公司同大公司一样,很有礼貌地拒绝了他。这位高才生愤怒了,嚷着要控告这家小公司种族歧视。德国人为愤怒的他送上一杯茶水,从档案袋中抽出一张纸递给他。这是一份记载着他曾3次在公共汽车逃票的记录。逃票这区区小事,竟成为德国大小公司拒收他的同一理由。

另一位新加坡留学生毕业回国时,在机场拿着机票却没能登机,原因仅是他在国家图书馆借了一本书而尚未归还。

中国传媒大学在期末考试中开除了7名作弊学生,其中有3名是应届毕业生。读了4年大学,仅仅是一次考试作弊就被勒令退学,是否太严重?中国传媒大学说,他们这条校规定了9年,没有饶恕过一个考试作弊的学生。

建议你对上述几个案例就"勿以恶小而为之"这个主题开展讨论。

3. 有人说,犯罪屡禁不止的一个很重要的原因就是犯罪成本太低了,刑罚起不到威慑作用。因此,要解决犯罪问题很简单,加重刑罚即可,用严苛的刑罚震慑犯罪分子,让他们因顾及犯罪后果而不敢犯罪,这样社会就会变得更加安定了。你对这种观点怎么看?

专题五 依法从事民事经济活动，维护公平正义

树立社会主义法治理念，除了依法办事，依法律己，更要注重依法维权。

提到维权，在现实生活中，民事权利和我们每个人接触最为密切。一旦呱呱坠地，孩子就具有了人格权，与父母形成了亲子关系；未成年时，为了保证其顺利成长，可以享有监护人对其抚养和教育的权利；成年后，就可以劳动就业，购置财产，签订合同，自主从事各项民事活动；达到法定婚龄后，可以恋爱结婚，生育后代；直至死亡，还会发生财产继承关系。

这些活动都与民法密不可分。因此，我们要学习与自己日常生活密切相关的民事、经济法律常识，理解其意义和作用，树立依法从事民事活动和经济活动的观念，提高依法从事民事活动、经济活动的能力，自觉维护合法权益，并学会尊重和保护他人的合法权益。

第十一课　公正处理民事关系

民法是与我们接触最频繁、联系最紧密的法律。人们在日常生活中实施的商品买卖、商品租赁、订立合同等一系列行为都是民事行为，都受民法调整。我们经常听到隐私权、肖像权、名誉权这些法律名词，可有多少人知道怎样保护这些权利？我们到底有哪些民事权利？承担哪些民事义务？

一、民法精神须领悟

民法与我们的关系

<u>案海导航</u>

学生小朱，在放学回家的路上捡到一个钱包，里面有现金2 000元，银行卡、票据若干。怕失主寻找，她在原地等了将近一个小时，却未见有人来寻找，于是带着钱包回家，准备第二天交给警察处理。当天晚上电视台上发布了一则寻物启事，失主声明，若有人归还拾到的钱包，愿以800元相谢。于是小朱和父母就是否收取800元酬金产生了讨论。

> 【思考】
> 1.如果你是小朱,你会怎样做?
> 2.请从道德和法律两个层面,谈谈这些做法是否正确。

"拾金不昧"是中华民族的传统美德,它不仅是道德要求,也是法律上的一项义务,如果据为己有,就构成民法上的不当得利;失主的寻物启事,明确以特定金额作为报酬,在法律上构成"悬赏广告",具有法律约束力,拾得人归还失物时,有权要求失主履行其承诺;至于当事人是否决定接受,则是其行使自身权利的问题。由此可见,这个案例中所涉及的法律问题,是由民法所调整的民事法律关系。

根据《中华人民共和国民法通则》(以下简称《民法通则》)第二条的规定,民法是调整平等民事主体的自然人、法人及其他非法人组织之间人身关系和财产关系的法律规范的总称,是法律体系中的一个独立的法律部门。

知识链接

"民法"一词来源于古罗马的市民法。最初的罗马法仅适用于罗马市民,称市民法;对于被罗马征服地区的居民之间的关系及其与罗马人之间的关系的调整则适用由裁判法官形成的规则,称为万民法。后来非罗马市民逐渐获得罗马公民权,两法的区别逐渐消失。公元6世纪,东罗马帝国皇帝查士丁尼在位时,进一步汇总整理编成法典,到12世纪称为《查士丁尼民法大全》。

中国古代民刑合一,法律文献原无"民法"一词,有关钱、债、田、土、户、婚等法律规范,都收在各个朝代的律、例之中,清朝末年至中华民国时期曾制订"民律"草案,后经修订,于1929—1930年分编陆续公布时改称"民法",这是中国法律历史文献上对"民法"一词的第一次正式使用。

民法既包括形式上的民法(即民法典),也包括单行的民事法律和其他法律、法规中的民事法律规范。由于我国民法典尚在编纂过程中,只形成了《民法通则》和《民法总则》,所以严格地说,我国还没有形式意义的民法。但因我国《民法通则》《民法总则》是民事基本法,是规范民事活动的基本准则,因此,从这个意义上也可以说《民法通则》《民法总则》就是形式意义上的民法。目前,我国正在不断完善民法体系,如《中华人民共和国物权法》(以下简称《物权法》)、《中华人民共和国合同法》(以下简称《合同法》)、《中华人民共和国担保法》、《中华人民共和国商标法》、《中华人民共和国专利法》、《中华人民共和国著作权法》、《中华人民共和国婚姻法》(以下简称《婚姻法》)、《中华人民共和国继承法》(以下简称《继承法》)、《中华人民共和国收养法》等都是民事单行法规。

专题五 依法从事民事经济，维护公平正义

> **知识链接**
>
> 《民法通则》是中国对民事活动中一些共同性问题所作的法律规定，是民法体系中的一般法。1986年4月12日由第六届全国人民代表大会第四次会议修订通过，1987年1月1日起施行，2009年8月27日第十一届全国人民代表大会常务委员会第十一次会议修订。《民法总则》是民法典的总则编，规定了民事活动的基本原则和一般规定，在民法典中起统领性作用。2017年3月15日由第十二届全国人民代表大会第五次会议表决通过，2017年10月1日起试行。

由民法所调整的法律关系中，当事人之间拥有平等的法律地位，主体相互间没有管理和被管理、命令和被命令、领导和被领导的关系，任何一方都不能支配另一方，而应平等相待，互不干涉，这与行政法、刑法是不同的。因此，在民事活动中应遵循平等、自愿的原则。

> **名家金句**
>
> 在民法慈母般的眼神下，每一个公民就是整个国家。　　　　——孟德斯鸠

民事法律关系面面观

> **案海导航**
>
> 王某，现年9周岁，看到很多中学生用PSP掌上游戏机，很是羡慕。有一天趁父母不在家，从家里拿了1 500元去家附近的一个电子产品商店买了一款游戏机，父母回家后批评了周某，并去商店要求退货。
>
> 【思考】
> 1. 超市该不该退货？为什么？
> 2. 本案涉及的民事法律关系三要素是什么？

人在社会生活中必然会结成各种各样的社会关系，这些社会关系受各种不同的规范调整。其中由民法调整形成的社会关系就是民事法律关系。因此，民事法律关系是民法调整的社会关系在法律上的表现。

民事法律关系是指由民事法律规范所调整的社会关系，也就是由民事法律规范所确认和保护的以民事权利和民事义务为基本内容的社会关系。

民事法律关系的要素，是指构成民事法律关系的必要因素或条件。民事法律关系的三个要素分别是主体、客体和内容。

第十一课　公正处理民事关系

民事法律关系的主体简称为民事主体，是指参与民事法律关系、享受民事权利和承担民事义务的人。凡法律规定可成为民事主体的，不论其为自然人还是组织，都属于民法上的"人"。因此，自然人、法人和其他组织都为民事主体。国家也可以成为民事主体，例如，国家是国家财产的所有人，是国债的债务人。民事法律关系的主体必须具有民事权利能力和民事行为能力。

知识链接

自然人指基于出生而取得民事主体资格的人，《民法通则》称为"公民"。

法人指依法具有民事权利能力和民事行为能力并独立享有民事权利、承担民事义务的社会组织。

其他组织指能够以自己的名义从事民事活动，但不具备法人条件，未取得法人资格的组织，如合伙企业、独资企业。

民事权利能力是民事主体独立地以自己的行为为自己或他人取得民事权利和承担民事义务的能力。根据《民法通则》的规定，我国公民的民事权利能力始于出生，终于死亡。对于尚未出生的胎儿，还不具备民事权利能力，不能享受民事权利、承担民事义务。但是，按照生理规律，胎儿将来必定出生。为了保护胎儿的利益，《继承法》规定：继承遗产时，胎儿可作为法定继承人分得遗产，但出生时是死体的除外。法人和其他组织，自合法成立时，具有民事权利能力和民事行为能力。

民事行为能力指民事主体能以自己的行为取得民事权利、承担民事义务的资格。简言之，民事行为能力为民事主体享有民事权利、承担民事义务提供了现实性。《民法通则》以我国公民的认识能力和判断能力为依据，以年龄、智力和精神状态为条件，自然人按其民事行为能力分为完全民事行为能力人、限制民事行为能力人和无民事行为能力人三类。

类型	范围	行为能力
完全民事行为能力人	年满十八周岁的成年人；十六周岁以上不满十八周岁，以自己的劳动收入为主要生活来源的人，视为完全民事行为能力人	可以自主地进行民事活动
限制民事行为能力人	十周岁以上的未成年人；不能完全辨认自己行为的精神病人	可以进行与他们的年龄、智力相适应的民事活动；其他民事活动，由其法定代理人代理或征得其法定代理人同意
无民事行为能力人	不满十周岁的未成年人；不能辨认自己行为的精神病人	民事活动均应由其法定代理人代理

民事法律关系的内容包括民事权利和民事义务两个方面。权利和义务相互对立，又相

123

互联系。权利的内容是通过相应的义务来表现的,义务的内容是由相应的权利来限定的。往往一方的权利就是另一方的义务,一方的义务就是另一方的权利。如未成年子女有享有父母抚养教育的权利,父母对未成年子女有抚养教育的义务。

民事法律关系的客体是指民事法律关系中的权利和义务共同指向的对象,主要包括以下几类:物,指自然人身体之外,能够满足人们需要并且能够被支配的物质实体和自然力;行为,指能满足权利主体某种利益的活动;智力成果,指人的脑力劳动创造出来的精神财富,包括各种科学发现、发明、设计、作品、商标等;人身利益,包括人格利益和身份利益。

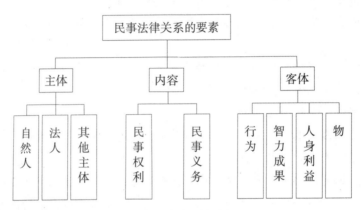

民事法律关系的要素

遵从民法基本原则

案海导航

一起特殊的法庭审判

住在一楼的赵大爷开了家食杂店,一天他正在食杂店前支设遮阳篷,突然从楼上掉下数片花盆碎片,将其右眼砸伤。住院期间共花去2 800多元。后转至上海某眼科医院继续治疗,又花掉各种费用8 000余元。由于当时花盆落下得非常突然,赵大爷也没有看清到底是哪家落下的。事件发生后,赵大爷认为此事应有人负责,但楼上居民均否认"闯祸"花盆是自己家的。

【思考】
赵大爷的损失应该找谁赔偿?

民事活动既要合法,又要遵守国家政策和社会公德,尊重他人人身权和财产权。在法律没有规定的情况下,人们的民事行为就要遵守国家政策和社会公德,不能让民事权利受损方得不到补偿。因此,我国民法通则规定了一些基本原则。

民法的基本原则是民法及其经济基础的本质和特征的集中体现,是高度抽象的、最一般的民事行为规范和价值判断准则。

我国的民事立法上，确立了以下几项民法的基本原则：

（1）**平等原则**。平等原则也称为法律地位平等原则。我国《民法通则》第三条明文规定："当事人在民事活动中的地位平等。"平等是指民事主体享有独立、平等的法律人格。在具体的民事法律关系中，民事主体互不隶属，各自能独立地表达自己的意志，其合法权益平等地受到法律的保护。强调民事活动中一切当事人的法律地位平等，任何一方不得把自己的意志强加给对方。平等原则集中反映了民事法律关系的本质特征，是民事法律关系区别于其他法律关系的主要标志。

（2）**自愿原则**。所谓自愿原则，是指法律确认民事主体自由地基于其意志去进行民事活动的基本准则。我国《民法通则》第四条规定民事活动应当遵循自愿原则。自愿原则的存在和实现，以平等原则的存在和实现为前提。只有在地位独立、平等的基础上，才能保障当事人从事民事活动时的意志自由。

（3）**公平原则**。所谓公平原则，是指民事主体应依据社会公认的公平观念从事民事活动，以维持当事人之间的利益均衡。我国《民法通则》第四条规定民事活动应当遵循公平原则。公平原则是进步和正义的道德观在法律上的体现，它对民事主体从事民事活动和国家处理民事纠纷起着指导作用。特别是在立法尚不健全的领域赋予审判机关一定的自由裁量权，对于弥补法律规定的不足和纠正贯彻自愿原则过程中可能出现的一些弊端有着重要意义。

（4）**诚实信用原则**。所谓诚实信用原则，是指民事主体进行民事活动时必须恪守诺言，诚实不欺，在追求自己利益的同时不损害他人和社会利益，不仅应使当事人之间的利益得到平衡，而且也必须使当事人与社会之间的利益得到平衡的基本原则。我国《民法通则》第四条规定，民事活动应当遵循诚实信用原则。在缔约时，诚实并不欺不诈；在缔约后，守信用并自觉履行。

（5）**守法原则**。所谓守法原则，是指民事主体的民事活动应当遵守法律和行政法规。我国《民法通则》第六条将守法原则表述为："民事活动必须遵守法律，法律没有规定的，应当遵守国家政策。"

（6）**公序良俗原则**。公序良俗是公共秩序和善良风俗的合称。公序良俗原则是现代民法一项重要的法律原则，是指一切民事活动应当遵守公共秩序及善良风俗。在现代市场经济社会，它有维护国家社会一般利益及一般道德观念的重要功能。我国《民法通则》第七条规定："民事活动应当尊重社会公德，不得损害社会公共利益，不得扰乱社会经济秩序。"公序良俗原则包含法官自由裁量的因素，具有极大的灵活性，因而能处理现代市场经济中发生的各种新问题，在确保国家一般利益、社会道德秩序，以及协调各种利益冲突、保护弱者、维护社会正义等方面发挥极为重要的作用。一旦人民法院在司法审判实践中，遇到立法当时未能预见到的一些扰乱社会秩序、有违社会公德的行为，而又缺乏相应的禁止性规定时，可直接适用公序良俗原则认定该行为无效。

（7）禁止权利滥用原则。所谓禁止权利滥用原则，是指民事主体在进行民事活动中必须正确行使民事权利，如果行使权利损害了同样应该受到保护的他人利益和社会公共利益，即构成了权利滥用。对于如何判断权利滥用，《民法通则》及相关民事法律规定，民事活动首先必须遵守法律，法律没有规定的，应当遵守国家政策及习惯。

人身权利应珍惜

案例导航

小林到某超市购物，当她将所选货物带到收银台，交款并走出大门五六米时，被从超市内追出的售货员叫住，询问她是否将没交费的东西带出超市，小林回答"没有"。售货员不信，将小林带进超市办公室进行处理。超市职员要求小林打开随身物品进行检查。为了证明自己的清白，小林只得打开自己的包、解开外衣和摘下帽子让超市职员查看。超市在没有查到任何属于超市的东西后，只得表示："听一位顾客说你拿了东西，对不起，你可以走了。"

【思考】你怎样看待超市搜身问题？

随着社会主义市场经济的发展和法治建设的进行，公民的个人权利意识不断增强，作为公民基本权利的人身权，也受到越来越多的重视。随着法律的不断完善和发展，它对于公民人身权利的保护越来越规范。其中民法中有许多关于尊重和维护公民人身权的规定。

在民法学中，人身权是指民事主体依法享有的、与其人身不可分离而又不直接具有财产内容的民事权利。

人身权包括人格权和身份权两大类。它们是作为民事主体的我们与生俱来的权利。我国民法规定了一系列的人身权，如生命权、健康权、身体权、姓名权、肖像权、名誉权、隐私权等人格权，以及配偶权、亲权、亲属权、荣誉权等身份权。

人格权——平等民事主体应享有的独立和尊严

探究共享

小王和小李是某职业学校一年级的学生，一天课间，两人在楼梯上打闹，小王不小心将小李推下了楼梯。

【思考】
1. 如果造成小李死亡，请问小王侵犯了小李的什么权利？
2. 如果造成小李的右腿骨折，请问小王侵犯了小李的什么权利？
3. 如果造成小李的右腿截肢，请问小王侵犯了小李的什么权利？

第十一课 公正处理民事关系

生命健康权是公民的生命权和健康权两种权利的统称，是人实施权利的基础，是公民享有的最基本的人权，它指公民对自己的生命安全、身体组织、器官的完整和生理功能以及心理状态的健康所享有的权利，包括生命权、健康权和身体权。生命与健康是公民享有一切权利的基础，如果生命健康权得不到保障，公民的其他权利就无法实现或很难实现。

生命权是人们维护其生命安全利益，保证享有的生命安全不被非法剥夺、危害的权利。因为生命对所有人都只有一次，具有最高价值，生命安全是人们从事一切活动的物质前提和基本条件，生命一旦丧失，任何权利对于受害人而言均无价值。它主要表现为生命安全维护权，当他人非法侵害自身生命安全时，有权依法自卫和请求司法保护。凡致人死亡的非法行为均属侵害生命权的行为。

健康权是指人们维护其身体健康即生理功能正常运行，具有良好心理状态的权利。它主要表现为健康维护权，一是保持自己健康的权利，二是健康利益维护权。当健康受到不法侵害时，受害人有权请求司法保护。

身体权是指自然人保持其身体组织完整并支配其肢体、器官和其他身体组织并保护自己的身体不受他人违法侵犯的权利。

侵害生命健康权的侵权行为通常有三种情况：侵害生命权，即致人死亡；侵害身体权，即伤害身体完整性；侵害健康权，即损害健康，致人患病。

对于侵害生命健康权的行为，受害人可依法获得医疗费、因误工减少的收入、残废者生活补助费等费用赔偿；造成死亡的，侵害人应当支付丧葬费、死者生前抚养的人必要的生活费等费用。

探究共享

张某是中职二年级的学生，这天是4月1日愚人节，他准备和同班的女生蔡某开个玩笑，就用手机以另一同学马某的名义向蔡某发了一条求爱短信。蔡某当时并未理会，晚上回家后不小心被父亲看到了这条短信，父亲立刻批评了女儿。第二天又来到学校找到了马某，把马某教训了一顿，造成了较坏的影响。马某很委屈，经查，这是张某的恶作剧。

【思考】
张某侵犯了马某的什么权利？

每个人都有名字，它是用来表现自我，区别他人的符号。姓名总是与特定的个人相关，因而在很大程度上体现了个人在人格上基本特征。我国法律明确保护公民的姓名权。

姓名权是公民依法享有的决定、使用、变更自己的姓名并要求他人尊重自己姓名的一种人格权利，主要包括三项权利：一是改名权，又称姓名变更权，指自然人享有的依法改变自己姓或名的权利，只要不违反法律的强制性规定和公序良俗，都是允许的，只不过需要到户籍管理部门办理变更登记手续；二是姓名使用权，指自然人依法使用自己姓名的专有使用权；三是姓名决定权，也称命名权，即自然人决定采用何种姓、名及其组合的权利。

侵害他人姓名权的主要表现是干涉他人决定、使用、改变姓名，盗用他人姓名和冒用他人姓名。如发现上述情形，权利人可以要求侵害人停止侵害、排除妨碍、消除影响、赔礼道歉、赔偿损害等。

专家点评

"盗用姓名"和"冒用姓名"在法律上是两个不同的概念。盗用他人姓名，指的是未经他人同意或授权，擅自以他人的名义实施某种活动，以抬高自己身价或谋求不正当利益的行为。冒用他人姓名的表现是，使用他人的姓名，冒充他人进行活动，以达到某种目的。

探究共享

"免费拍照"

【思考】
请问该漫画中男子侵犯了孩子的什么权利？

肖像权是指公民对自己的肖像享有再现、使用并排斥他人侵害的权利，就是公民所享有的对自己的肖像上所体现的人格利益为内容的一种人格权。

我国《民法通则》第一百条规定："公民享有肖像权，未经本人同意，不得以营利为目的使用公民的肖像。"由此可见，构成侵犯公民肖像权的行为，通常应具备两个要件：一是未经本人同意；二是以营利为目的。

常见的侵犯公民肖像权的行为，主要是未经本人同意、以营利为目的使用他人肖像做商业广告、商品装潢、书刊封面及印刷挂历等。

肖像权的合理使用不属于侵犯肖像权的行为。例如，在新闻报道中使用相关人物的肖像；国家机关为执行公务或为了国家利益举办特定活动使用自然人的肖像；为记载和宣传特定活动使用参与者的肖像；基于科研和教学目的在一定程度上和一定范围内使用他人肖像；为肖像权人自身利益而使用其肖像等。

对于侵犯肖像权行为，受害人可自力制止，例如请求交出所拍胶卷，除去公开陈列肖像等，也可以依法向法院提起诉讼，要求侵权人停止侵权行为，赔礼道歉，支付赔偿金。

探究共享

诽谤实例

【思考】
请问该漫画中当事人什么权利被侵害了？

作为社会的一员，大多数人一般会关注社会对自己的评价，而且，希望得到正面的、好的评价，这就是我们一般所说的名誉。法律范畴的名誉概念，是指社会上人们对公民或法人的品德、才干、声望、信誉和形象等各方面的综合评价。名誉权也是人格权的一种，受到法律保护，根据民法通则的相关规定，严格禁止用侮辱、诽谤等方式损害公民、法人的名誉。

专家点评

生活中常见的侵犯公民名誉的行为主要是侮辱和诽谤，它们的具体表现是有区别的。

所谓侮辱，是指以语言或行为公然损害他人人格，毁坏他人名誉的行为。其表现形式是将现有的缺陷或其他有损于人的社会评价的事实扩散、传播出去，以诋毁他人的名誉，让其蒙受耻辱。例如，说某人"是个小偷"或"是个傻子"等。

所谓诽谤，是指捏造和散布某些虚假事实、破坏他人名誉的行为。诽谤的方式有口头和文字等两种方式。其内容包括捏造和散布一切有损于他人名誉的虚假事实，如诬蔑他人犯罪、品行不端、素质能力不高、企业形象不佳等。其特征可以称为"无中生有""无事生非"。

探究共享

通过人肉搜索得到别人的隐私

【思考】
你赞成上面漫画反映的行为吗？为什么？

隐私权是一种基本人格权利，是指自然人享有的私人生活安宁与私人信息秘密依法受到保护，不被他人非法侵扰、知悉、收集、利用和公开的一种人格权，而且权利主体对他人在何种程度上可以介入自己的私生活，你对自己的隐私是否向他人公开以及公开的人群范围和程度等具有决定权。

我国民法对于公民的隐私，是与名誉权一并保护的。最高人民法院对此做出了专门的司法解释："以书面、口头等形式宣扬他人的隐私，或者捏造事实公然丑化他人人格，以及用侮辱、诽谤等方式损害他人名誉，造成一定影响的，应当认定为侵害公民名誉权的行为。"

> **专家点评**
>
> 我们一般把下列情形认定为侵犯隐私权：未经公民许可，公开其姓名、肖像、住址和电话号码；非法侵入、搜查他人住宅，或以其他方式破坏他人居住安宁；非法跟踪他人，监视他人住所，安装窃听设备，私拍他人私生活，窥探他人室内情况；非法刺探他人财产状况或未经本人允许，公布其财产状况；私拆他人信件，偷看他人日记，刺探他人私人文件内容，以及将它们公开；调查、刺探他人社会关系并非法公之于众；泄露公民的个人材料或公之于众或扩大公开范围；收集公民不愿向社会公开的纯属个人的情况。

身份权——基于特定身份的民事权利应保护

> **要闻回眸**
>
> 2015年7月，西安某道路旁停放的多辆汽车被划伤。据警方统计，共有9辆车被故意划伤。划车的是一个小男孩，他在划一辆豪车时被抓个正着，仅这辆豪车价值就有300万元，被划伤后，估计维修费用要上万元。然而，孩子的家长却不愿赔偿，在派出所内，家长声称让警察把小孩关起来。
>
> 【思考】
> 车主的损失真的要由男童来负责吗？

我们讲的人身权除了人格权之外，还包括身份权。身份权是指公民因特定身份而产生的民事权利。身份权并非人人都享有，如配偶权只能是夫妻之间享有的身份权，亲权是父母子女之间享有的身份权。

配偶权是指配偶之间要求对方陪伴、钟爱和帮助的权利。

亲权是父母基于其身份对未成年子女的人身、财产进行教养保护的权利和义务，如监护权。

亲属权是指父母与成年子女、祖父母与孙子女、外祖父母和外孙子女以及兄弟姐妹之间的身份权。

荣誉权是指公民、法人所享有的，因自己的突出贡献或特殊劳动成果而获得的光荣称号或其他荣誉的权利。

> **知识链接**
>
> 知识产权中也包含身份权的内容：
> （1）在著作权中：身份权包括发表权、署名权、修改权、保护作品完整权。
> （2）在专利权中：身份权主要表现为专利权人在专利文件中写明自己是发明人

或设计人的权利。

（3）在商标权中：身份权主要表现为商标权人在商标的使用中有标明自己名称的权利。

（4）在发明权、发现权和其他科技成果权中：身份权主要表现为权利人领取荣誉证书、标明权利人身份的权利。

二、财产权利不可侵

有利定分止争——所有权

> **知识链接**
>
> 战国时期的《商君书》中有一个小故事："一兔走，百人逐之，非以兔可分以为百也，由名分之未定也。夫卖兔者满市，而盗不敢取，由名分已定也。……故夫名分定，势治之道也；名分不定，势乱之道也。"
>
> 意思是说，一只野兔在田野上跑，后面很多人追着想抓住它。但是市场上很多的兔子却没有人去抢着要，为什么呢？不是人们不想要兔子，而是兔子的所有权已经确定，不能再争夺了，否则就是违背法律，要受到制裁。这句话体现了中国古代诸子百家中法家的思想。法家崇尚法律，认为其作用之一就是"定分止争"，也就是明确物的所有权。

财产权是现代社会中一项极为重要的权利。法律规定财产权的直接目的，就是定分止争，解决物品的归属和流通适用问题。简单地讲，就是通常所说的：这个东西是"谁的"？是"你的"还是"我的"？

根据民法原理，财产权是指以财产利益为内容，直接体现财产利益的民事权利。财产权一般具有可让与性，受到侵害时需以财产方式予以救济。财产权主要表现为物权和债权。

> **专家点评**
>
> 物权是指权利人依法对特定的物享有直接支配和排他的权利，包括所有权和他物权（用益物权和担保物权）。
>
> 债权是一方请求他方为一定行为或不为一定行为的权利。债发生的原因主要有合同、无因管理、不当得利和侵权行为。

> **知识链接**
>
> 2007年3月16日，《物权法》由第十届全国人民代表大会第五次会议通过，并于2007年10月1日正式施行。《物权法》明确规定："国家、集体、私人的物权和

其他权利人的物权受法律保护，任何单位和个人不得侵犯。"

《物权法》不仅保护国家所有权、集体所有权，而且特别强调了保护私人所有权。

我国《物权法》明确规定，保护国有财产、集体财产和公民合法的私有财产。这与我国宪法对国家、集体和个人合法财产加以保护的条款是相一致的。如宪法规定，社会主义的公共财产神圣不可侵犯。国家保护社会主义的公共财产。禁止任何组织或者个人用任何手段侵占或者破坏国家和集体的财产；宪法还规定，公民合法的私有财产不受侵犯。国家依照法律规定保护公民的私有财产权和继承权。国家为了公共利益的需要，可以依照法律规定对公民的私有财产实行征收或者征用并给予补偿。

案海导航

镜头一：同学小丽买了一本故事书，由于内容情节很吸引人，同学们纷纷向她借阅。小明、小芳、小林同时向小丽借书，小丽决定将书先借给好朋友小芳，但事先约定小芳必须一天后返还。结果两天了，小芳还未还给她，询问后才知道，小芳擅自将书借给了小李。

请问：小丽能向小李要回故事书吗？

镜头二：小琴是小芳最好的朋友，她也很喜欢这本故事书，恰巧小琴要过生日，小芳决定将故事书送给小琴。

【思考】
小芳的做法是否妥当？

所有权是物权中最重要也最完全的一种权利，具有绝对性、排他性和永续性特征，包括占有、使用、收益、处分四项权能。

专家点评

所谓所有权权能，是指所有权人在实现其权利的各种可能性，其本身并不是一种独立的权利。

占有权能是指对所有物加以实际管领或控制的权利。民法上的占有是指民事主体对物的实际控制。

使用权能是指在不损毁所有物或改变其性质的前提下，依照物的性能和用途加以利用的权利。使用权能也可以转移给非所有人行使，并且使用权能仅适用于非消耗物。

收益权能是指收取所有物所生利息（孳息）的权利。收益权是与使用权有密切联系的所有权权能，因为通常收益是使用的结果，但使用权不能包括收益权。

处分权能是指对所有物依法予以处置的权利。处分权能是所有权内容的核心和拥有所有权的根本标志。通常只能由所有人自己行使。

专题五 依法从事民事经济，维护公平正义

探究共享

大兴安岭地区

三人合买的车

王村的农田

老张家的客厅

【思考】

这些财产分别归谁所有？

我国规定的所有权权利主体有三类，即国家所有、集体所有和私人所有。《物权法》并没有明确地给予规定，《物权法》第五章只规定了属于国家所有和集体所有的情形，其立法本意即是指除了只能由国家和集体所有的财产外，其余的财产公民皆可取得所有权。

专家点评

属于国家所有的财产有：

（1）矿藏、水流、海域；

（2）城市的土地，属于国家所有，以及法律规定属于国家所有的农村和城市郊区的土地；

（3）森林、山岭、草原、荒地、滩涂等自然资源，属于国家所有，但法律规定属于集体所有的除外；

（4）法律规定属于国家所有的野生动植物资源；

（5）无线电频谱资源；

（6）法律规定属于国家所有的文物；

（7）国防资产、铁路、公路、电力设施、电信设施和油气管道等基础设施，依照法律规定为国家所有的。

属于集体所有的财产有：

（1）法律规定属于集体所有的土地和森林、山岭、草原、荒地、滩涂；

（2）集体所有的建筑物、生产设施、农田水利设施；

（3）集体所有的教育、科学、文化、卫生、体育等设施；

（4）集体所有的其他不动产和动产。

除了上述属于国家所有的和集体所有的财产公民和其他民事主体不能取得所有权外，其余的公民均可以合法手段取得所有权。

案海导航

镜头一：小李想买最新款的手机，因为价钱比较昂贵，一直没买。一天在路上，一男子向他兜售这款手机，成色新，只以目前市场的二折卖给他，虽然小李当时对手机有怀疑，但看到自己喜欢的手机，心动了，当即付款，买下了手机。一个星期后，警察找上了门，告知他这是盗窃的赃物，将手机扣押。

镜头二：小王向张玉购买一套商品房，双方签订了房屋买卖合同。合同规定，总房价为60万元，小王在合同签订当日给付张玉房款30万元，其余价款在办理产权过户手续之日付清。随着房屋的市场价格看涨，张玉又将房屋以80万元的价格卖给了宫某，双方亦签订了书面合同。宫某将房款一次性付清后，双方于当天到房管机关办理了房屋过户登记手续。李某得知张玉又把房屋卖给了宫某，非常气愤，双方发生争执。李某向人民法院起诉，要求确认其对房屋享有所有权。

【思考】
1. 案例中涉及的财产所有权应当属于谁？
2. 我们怎么取得财产所有权呢？

财产所有权的取得方式，因财产属性的差异而不同，财产主要分为动产和不动产。一般动产取得以实际交付给对方为要件，当对方占有了该动产，就取得了该动产的所有权。机动车、航空器、船舶虽然也属于动产，但由于其价值较大，所以该产权的取得、变更，需要依法办理产权登记。对于房屋等不动产，则必须到房产登记机关办理产权登记过户手续，才能取得所有权。

专家点评

不动产是指不能移动或者虽然可以移动,但移动会损害其价值的物,一般指土地及地上定着物,如房屋、林木、未成熟的农作物等。

动产是指除不动产以外的物。

在日常生活中,善意取得也是财产所有权取得的一种方式。善意取得又称为即时取得,无权处分人将其财物(动产或者不动产)转让给第三人,如受让人在取得该动产时是出于善意,则受让人取得该物的所有权,原权利人丧失所有权,不得要求受让人返还。

知识链接

善意取得成立需具备以下要件:

(1)标的物须为动产或者不动产。

(2)出让人无权处分。这是善意取得制度发生的前提。

(3)受让人受让该不动产或动产时是善意的;第三人必须是善意的。我们这里所说的善意是指第三人不知道占有人是非法转让。

善意取得,是第三人不知道并不应知道转让人是非法转让,一般是误信其为所有人或其他有处分权的人。例如,错误地认为动产的承租人、借用人、受寄人、运送人是所有人或其他有处分权的人,并且依转让物当时的环境,他也不应知道占有人是非法转让。

与之相对应的就是恶意第三人。恶意就是第三人依当时的情况知道或应当知道转让人无让与的权利。例如,第三人以不正常的低价购买物品,如无相反的证据,应认为是恶意。恶意第三人不能取得该财物的所有权。

(4)以合理的价格转让。

(5)转让的不动产或者动产依照法律规定应当登记的已经登记,不需要登记的已经交付给受让人。

善意取得的法律后果,即善意取得构成要件具备时产生的法律后果,即善意取得发生物权关系与债权关系的变动:

(1)让与人向受让人交付财产,从受让人实际占有该财产时起,受让人成为该财产的合法所有人,其所有权的取得具有法定性、终局性、确定性。而原所有人的所有权则归于消灭。

(2)原所有人与让与人之间发生债权关系。由于让与人无权处分他人动产,因而其转让动产的行为非法。

原所有人受到损害时,可以选择权利救济:

第一,原所有人与让与人之间如果有债权关系,如租赁关系、保管关系,则其可以依债务不履行制度,向让与人请求损害赔偿。

第二,让与人处分原所有人的动产为无权处分,构成侵权行为,原所有人可以依照侵权行为制度,向让与人请求损害赔偿。

第三,让与人有偿处分原所有人动产,所获得的非法利益为不当得利,原所有人可以依照不当得利制度向让与人请求返还。

在生活中,还可能出现两个以上的人同时对同一财产享有所有权,这在法律上称为共有,指两个或者两个以上的人对同一项财产共同享有所有权。如家庭财产是共有的,合伙的财产是共有的。共有人共同对共有财产享有权利,承担义务。

专家点评

共有可分为按份共有和共同共有。按照共有人的标准,可以将财产共有分为公民之间的共有、法人之间的共有、公民和法人之间的共有;按照占有共有财产的份额是否确定,可以将财产共有分为:按份共有和共同共有。按份共有人按照各自的份额,对共有财产分享权利,分担义务。按份共有财产的每个共有人有权要求将自己的份额分出或者转让。但在出售时,其他共有人在同等条件下,有优先购买的权利。

在现实生活中,经常会出现他人侵害我们财产所有权的情况。例如,我将自己的自行车借给朋友,朋友却将自行车丢失了。当我们的财产所有权受到别人的侵害或妨碍时,我们可以寻求国家法律的保护。对财产所有权的保护,需要采取刑法、行政法、民法等不同法律手段。这些手段是相辅相成的。从民法角度看,保护财产所有权有确认产权、返还占有、排除妨碍、赔偿损失和返还不当得利等方法。

对于所有权的保护,所有人有权诉请法院通过诉讼程序解决。一般纠纷也可自行协商解决或调解解决。有的还可以仲裁解决。

提倡物尽其用——用益物权

案海导航

李丽的家在农村,家里有一处老宅,还有一亩①承包地。由于父母都在城里工作,为了方便,父母就在城里买了一套商品房,同时将李丽接到城里上学。村里为了发展经济,促进就业,成立了一家蔬菜种植合作社,需要将李丽家的承包地进行流转。

【思考】案例中涉及李丽家的哪些财产权利?

---
① 1亩 ≈ 666.67平方米。

用益物权是物权的一种，是指非所有人对他人之物所享有的占有、使用、收益的排他性的权利。如土地承包经营权、建设用地使用权、宅基地使用权、地役权、自然资源使用权（海域使用权、探矿权、采矿权、取水权和使用水域、滩涂从事养殖、捕捞的权利）。

在日常生活中，我们常见的用益物权主要包括土地承包经营权、建设用地使用权、宅基地使用权、地役权。

土地承包经营权是农民的一项重要财产权利，因为农村土地是农民的基本生产资料，也是农民最可靠的生活保障。土地承包经营权就是承包人（个人或单位）因从事种植业、林业、畜牧业、渔业生产或其他生产经营项目而承包使用、收益集体所有或国家所有的土地或森林、山岭、草原、荒地、滩涂、水面的权利。

建设用地使用权，对于公民个人而言，往往与商品房的所有权相联系。一般我们从房地产开发商那里购买商品房，并且办理产权过户手续，取得房屋产权所有权之后，就拥有了该商品房的所有权。开发商必须办理国有土地使用权证，才能证明其商品房用地的合法性。

专家点评

我国是社会主义国家，土地是公有制的，属于国家或集体所有，因此，涉及土地的承包、使用和收益都是有期限的。

例如土地承包经营权，耕地的承包期限为30年。草地的承包期限为30～50年。林地的承包期限为30～70年；特殊林木的承包期，经国务院林业行政主管部门批准可以延长。再如，通过建设用地使用权出让取得建设用地使用权的，按照土地的不同用途，土地使用权出让的最高年限为：①居住用地70年；②工业用地50年；③教育、科技、文化、卫生、体育用地50年；④商业、旅游、娱乐用地40年；⑤综合或者其他用地50年。

那么，超过期限了怎么办呢？《物权法》规定，住宅建设用地使用权期届满后，自动续期；非住宅届满后续期，依照法律规定办理。

农村宅基地使用权，是我国特有的一项独立的用益物权，是农村居民在依法取得的集体经济组织所有的宅基地上建造房屋及其附属设施，并对宅基地进行占有、使用和有限制处分的权利。农村村民住宅用地，经乡（镇）人民政府审核，由县级人民政府批准，如被征收征用，农民有权获得合理补偿。

地役权是指为使用自己不动产的便利或提高其效益而按照合同约定利用他人不动产的权利。生活中常常表现为因通行、取水、排水等需要，通过签订合同，利用他人的不动产，以提高自己不动产效益的权利。例如，甲工厂原有东门可以出入，后想开西门，借用乙工厂的道路通行。甲工厂与乙工厂约定，甲工厂向乙工厂适当支付使用费，乙工厂允许甲工厂的人员通行。这时，甲工厂就取得了"地役权"。

第十一课　公正处理民事关系

探究共享

生活中遇到的问题

【思考】
以上图片都反映了什么问题？

俗语说"远亲不如近邻"，这体现出了邻里之间关系的密切性。密切的关系，既可使人们和睦相处，也容易滋生邻里纠纷。不动产权利人之间在行使权利时，应当就相邻不动产权利人的权利是否会受侵犯履行必须注意的义务，否则邻里之间在排水、通行、通风、采光、观景、噪声等方面处理不当，就可能产生纠纷。这就是法律关于"相邻关系"的规定。

在法理上，相邻权指不动产的所有人或使用人在处理相邻关系时所享有的权利。具体来说，在相互毗邻的不动产的所有人或者使用人之间，任何一方为了合理行使其所有权或使用权，享有要求其他相邻方提供便利或是接受一定限制的权利。

我国《民法通则》和《物权法》都对相邻权做了规定。相邻不动产的所有人或使用人在行使自己的所有权或使用权时，应当以不损害其他相邻人的合法权益为原则。在处理相邻关系时，相邻各方应该本着有利生产、方便生活、团结互助、公平合理的原则，互谅互让，协商解决。协商不成，可以请求人民法院依法解决。如果因权利的行使，给相邻人的人身或财产造成危害，相邻人有权要求停止侵害、消除危险和赔偿损失。

专家提醒

近年来，随着城市建设速度加快，加之一些城市在对新建住宅楼规划审批环节中存在漏洞，基于"阳光权"引发的纠纷日益增多。对此，《物权法》专门做了规定："建造建筑物，不得违反国家有关工程建设标准，妨碍相邻建筑物的通风、采光和日照。"

确保债权实现——担保物权

探究共享

现实生活中的一些情形

【思考】
1. 现实生活中，你见过这些情形吗？
2. 人们这么做的目的是什么？

在日常生活中，为了保证债权的顺利实现，财产所有权人可以将其财产，如房屋、汽车、电脑、股票等设定抵押或质押，一旦债务不能得到清偿，债权人就可以将该财产折价或者拍卖、变卖该财产的价款优先受偿。这种以担保债权的实现为目的而产生的一类财产权就是担保物权。

担保物权，是指在借贷、买卖等民事活动中，债务人或债务人以外的第三人将特定的财产作为履行债务的担保。债务人未履行债务时，债权人依照法律规定的程序就该财产优先受偿的权利。担保物权包括抵押权、质权和留置权。

知识链接

抵押权是指债务人或第三人向债权人提供不动产或动产,作为清偿债务的担保而不转移占有所产生的担保物权。当债务人到期不履行债务时,抵押权人有权就抵押财产的价金优先受偿。他可以申请法院变卖抵押财产抵偿其债权,如有剩余,应退还抵押人,如有不足,仍可向债务人继续追索。但对不能强制执行的财产不能设定抵押权。

质权是指债务人或第三人将动产或一定的财产权利移交给债权人作为担保,当债务人不履行到期债务或发生当事人约定的事由时,债权人有权以该财产价款优先受偿。其中,以动产出质的为动产质权,以财产权利出质的为权利质权。

留置权是指债权人按照合同的约定占有债务人的动产,债务人不按照合同约定的期限履行债务的,债权人有权依照法律规定留置财产,以该财产折价或者以拍卖、变卖该财产的价款优先受偿。

三、契约精神要践行

合同就在我们身边

案海导航

小明的租房烦恼

小明自费来北京想考北大的研究生,在中关村附近找了一间平房,和房主谈好,租金每月300元,租期为一年。住了不到两个月,房主认为一个月300元的租金太少,就找小明要求房租涨到每月380元。小明认为,事先已经谈好价格,而且租期也未到,所以认为租金不能涨。房主坚持:如果不愿意加价,小明就必须搬出去。当初两人就租房情况只是达成了口头协议,未用书面形式写下来。

租房烦恼

【思考】
1. 小明为什么会遇到这个烦恼？
2. 如果我们想避免此类纠纷，该怎么办？

在社会生活中，不免发生一些经济矛盾和纠纷。有些纠纷的产生，是因为我们缺乏合同意识，没有签订合同，或者在签订合同中出现错误，或者没有正确履行合同。因此学习合同法的相关知识，对我们的日常学习和生活很有意义。

合同又称为契约、协议，是平等的当事人之间设立、变更、终止民事权利义务关系的协议。《合同法》主要规范的是财产关系，婚姻、收养、监护等有关身份关系的协议不适用《合同法》。

合同作为一种民事法律行为，是当事人协商一致的产物，是两个以上的当事人意思表示一致的协议。只有当事人做出的意思表示合法，合同才具有法律约束力。依法成立的合同从成立之日起生效，具有法律约束力。

提到合同，我们的脑海里立刻会浮现出电视画面中的庄严的外交签约换文仪式。其实在日常生活中合同无处不在，只要有交易就会有合同。清晨，我们背着书包乘车去学校上学；课后，我们去小卖部买学习用品；中午，我们去饭堂买饭；周末，我们去商店买东西，请朋友去饭店吃饭；生病了，去医院挂号看病；寒暑假，和家人外出旅游……这些行为都涉及合同，由合同法调整。

合同的订立及生效

共享探究

小明的租房谈判

中关村某房屋中介公司，该房屋标价租金一个月400元。
（小明来到房主家谈论租房事宜）
小明：这间屋一个月租金多少钱？
房主：孩子，你愿出多少钱？
小明：我没什么钱，穷学生一个，250元行不行？
房主：哪有这样还价的？380元，不租算了。
（小明刚走几步）。
房主：回来，回来。价钱还可以再谈，你说说最少给多少？
小明：最少到底多少钱？你说个价。
房主：最少350元，不能少了。
小明：最多280元。
房主：大家各让一步，300元吧，真的不能再少了。
小明：行，成交。

第十一课 公正处理民事关系

【思考】
1. 以上哪些行为是要约邀请？哪些行为是要约？
2. 最后是否形成法律上的合同关系？

其实在日常生活中，讨价还价并最终达成交易的过程就是合同订立的典型过程：叫卖往往表现为要约邀请，询价往往表现为要约，还价往往表示为反向的要约，同意对方要求就表现为承诺。要约和承诺采用的形式可以是口头的，也可以是书面等其他形式的，如在企业的商务活动中，就可能表现为双方多回合的书面文件往返磋商和修改，直到最后双方在书面合同上签字。

合同的订立又称缔约，是当事人为设立、变更、终止财产权利义务关系而进行协商、达成协议的过程。 既然合同为一种协议，就须由当事人各方的意思表示的一致即合意才能成立。当事人为达成协议，相互为意思表示进行协商到达成合意的过程也就是合同的订立过程。合同的订立包括要约和承诺两个阶段，当事人为要约和承诺的意思表示均为合同订立的程序。

要约是指一方当事人以缔结合同为目的，向对方当事人提出合同条件，希望对方当事人接受的意思表示。发出要约的一方称为要约人，接受要约的一方称为受要约人。要约的内容应该具体确定，如某卖场推销员对过往的某位顾客推销某品牌某规格的洗发水，售价是20元，并对该顾客说明优惠促销活动的具体内容，这就是要约。

承诺是指受要约人同意接受要约的全部条件而缔结合同的意思表示，即受约人同意接受要约的全部条件而与要约人成立合同。如果受要约人只是部分同意要约内容，还需要变更其主要内容，就构成反要约，或者叫新的要约，而不是承诺。承诺的法律效力在于，承诺一经做出，并送达要约人，合同即告成立，要约人不得加以拒绝。例如上面提到的某卖场推销实例，商品、品牌、规格、售价、促销活动细则都很明确，顾客如果觉得这款洗发水比较实惠，付钱购买，就是承诺。

要约邀请比较特殊，通常发生于要约之前，又称为"要约引诱"，它是指希望他人向自己发出要约的意思表示。

专家点评

所谓意思表示，即将自己期望发生某种法律效果的内心意志，以一定的方式表现于外部的行为。

要约邀请是当事人订立合同的预备行为，只是引诱他人发出要约，不能因相对人的承诺而成立合同。在发出要约邀请以后，要约邀请人撤回其邀请，只要没给善意相对人造成信赖利益的损失，要约邀请人一般不承担责任。如寄送的价目表、拍卖公告、招标公告、招股说明书、商业广告等都是要约邀请；再如，某商场打出的清仓广告，显示商品一折起售，是为了吸引顾客前去购物，并没有具体说出商品名称、价格，所以也只能是要约邀请。

根据我国《合同法》的规定，当事人订立合同可以采用口头形式、书面形式和其他形式。

合同的口头形式是指当事人只有口头语言为意思表示订立合同，而不用文字表达协议内容的合同形式。口头形式的优点在于方便快捷，缺点在于发生合同纠纷时难以取证，不易分清责任。口头形式适用于能即时清结的合同关系。

合同的书面形式是指当事人以合同书或者电报、电传、电子邮件等数据电文形式等各种可以有形地表现所载内容的形式订立合同。书面形式有利于交易的安全，重要的合同应该采用书面形式。

探究共享

小明的租房谈判（续一）

镜头一：小明付给房主500元定金，房主写下了收条。三天后，家里的母亲打电话，他称父亲病重。小明回家发现父亲的病需要长时间休养，母亲身体也不好，于是他决定暂时不考研，回家照顾父亲。于是找到房主要求退回500元钱，可房主不退。收条上面写着收取"定金500元"。

镜头二：小明租房的租金不够，他向朋友赵某借了2 000元现金，并写下借条："小明借赵某2 000元，一个月后归还。"双方均在借条上签字。但一个月后赵某向小明要钱时，小明不愿还钱，声称是赵某向他借了2 000元。因为借钱时未有第三人在场，因此成了一笔糊涂账。

【思考】
1. 小明能要回500元吗？
2. "定金"和"订金"的区别是什么？

【思考】
这个案例让你明白了什么道理？

专家点评

定金是保证合同履行的担保方式之一，是当事人一方在合同未履行之前，在应给付价款或报酬数额内，预先支付另一方一定数额金钱的担保形式。《民法通则》第八十九第（三）项规定："当事人一方在法律规定的范围内可以向对方给付定金。债务人履行债务后，定金应当抵作价款或者收回。给付定金的一方不履行债务的，无权要求返还定金；接受定金的一方不履行债务的，应当双倍返还定金。"

订金并非一个规范的法律概念，实际上它具有预付款的性质，是当事人的一种支付手段，并不具备担保性质。收受预付款一方违约，只需返还所收款项，而无须双倍返还。

当事人合同条款是合同条件的表现和固定化，是确定合同当事人权利和义务的根据。从法律文书角度看，合同的内容是指合同的各项条款。因此，合同条款应当明确、肯定、完整，而且条款之间不能相互矛盾，否则将影响合同成立、生效和履行以及实现订立合同的目的，所以准确理解条款含义的意义重大。

合同的条款主要分为必备条款和非必备条款。

所谓必备条款又称主要条款，是指根据合同的性质和当事人的特别约定所必须具备的条款，缺少这些条款将影响合同的成立。例如，借款合同中借款的数额和币种是主要条款；买卖合同中，商品的品种与数量、价款是主要条款。

所谓非必备条款又称普通条款，是指合同的性质在合同中不是必须具备的条款，即使合同不具备这些条款也不应当影响合同的成立。

知识链接

合同法采用当事人意思自治原则，合同内容由当事人自行约定，但为示范完备的合同条款，合同法也规定了提示性的合同条款，主要包括以下内容。

1. 当事人的名称或者姓名与住所

当事人是合同权利义务的承受者。当事人由其名称或者姓名与住所加以特定化、固定化，所以，在草拟合同条款时必须写清当事人的名称或者姓名与住所。

2. 标的

标的是合同权利义务执行的对象。标的是一切合同的主要条款。《合同法》中所谓的标的，主要指标的物，因而规定有所谓标的（物）的质量、标的（物）的数量。

3. 质量与数量

标的（物）的质量和数量是确定合同标的（物）的具体条件，是这一标的（物）区别于同类另一标的（物）的具体特征。标的（物）的质量需订得详细具体，如标的（物）的技术指标、质量要求、规格、型号等要明确。标的（物）的数量要确切。标的（物）的数量为主要条款；标的（物）的质量若能通过有关规则及方式推定出来，则合同欠缺这样的条款也不影响成立（《合同法解释（二）》第一条）。

4. 价款或酬金

价款是取得标的（物）所应支付的代价，酬金是获得服务所应支付的代价。价款通常是指标的（物）本身的价款，但因商业上的大宗买卖一般是异地交货，便产生了运费、保险费、装卸费、保管费、报关费等一系列额外费用。它们由哪一方支付，需在价款条款中写明。

5. 履行的期限、地点、方式

履行期限直接关系到合同义务完成的时间，涉及当事人的期限利益，也是确定违约与否的因素之一，十分重要。履行期限可以规定为及时履行，也可以规定为定时履行，还可以规定为在一定期限内履行。如果是分期履行，尚应写明每期的准确时间。

履行地点是确定验收地点的依据，是确定运输费用由谁负担、风险由谁承受的依据，有时是确定标的（物）所有权是否转移、何时转移的依据，还是确定诉讼管辖的依据之一，对于涉外合同纠纷，它是确定法律适用的一项依据，十分重要。

履行方式，例如是一次交付还是分期分批交付，是交付实物还是交付标的的所有权凭证，是铁路运输还是空运、水运等，同样事关人的物质利益，合同应写明，但对于大多数合同来说，它不是主要条款。

履行的期限、地点、方式若能通过有关方式推定，则合同即使欠缺也不影响成立。

6. 争议解决的方法

解决争议的方法，是指有关解决争议运用什么程序、适用何种法律、选择哪家检验或者鉴定的机构等问题的方法。当事人双方在合同中约定的仲裁条款、选择诉讼法院的条款、选择检验或者鉴定机构的条款、涉外合同中的法律适用条款、协商解决争议的条款等，均属于解决争议的方法的条款。

探究共享

租房合同

出租方：（以下简称甲方）_____ 承租方：（以下简称乙方）_____

甲、乙双方就房屋租赁事宜，达成如下协议：

一、甲方将位于_____市_____街道____小区____号楼____号的房屋出租给乙方居住使用，租赁期限自____年____月____日至____年____月____日，计____个月。

二、本房屋月租金为人民币____元，按月/季度/年结算。每月月初/每季季初/每年年初__日内，乙方向甲方支付全月/季/年租金。

三、乙方租赁期间，水费、电费、取暖费、燃气费、电话费、物业费以及其他由乙方居住而产生的费用由乙方负担。租赁结束时，乙方须交清欠费。

四、乙方同意预交____元作为保证金，合同终止时，当作房租冲抵。

五、房屋租赁期为从____年____月____日至____年____月____日。在此期间，任何一方要求终止合同，须提前三个月通知对方，并偿付对方总租金____的违约金；如果甲方转让该房屋，乙方有优先购买权。

六、因租用该房屋所发生的除土地费、大修费以外的其他费用，由乙方承担。

七、在承租期间，未经甲方同意，乙方无权转租或转借该房屋；不得改变房屋结构及其用途，由于乙方人为原因造成该房屋及其配套设施损坏的，由乙方承担赔偿责任。

八、甲方保证该房屋无产权纠纷；乙方因经营需要，要求甲方提供房屋产权证明或其他有关证明材料的，甲方应予以协助。

九、就本合同发生纠纷，双方协商解决，协商不成，任何一方均有权向_____人民法院提起诉讼，请求司法解决。

十、本合同一式__份，甲、乙双方各执____份，自双方签字之日起生效。

甲方：
乙方：
年　　月　　日

第十一课 公正处理民事关系

案海导航

小刚是一名16岁的中职生,因为和父母吵架,偷偷从家里拿了5 000元钱,其中2 000元交了房租,并订立了合同。小刚的父母知道后,不同意小刚租住在外面,于是向房主索要2 000元的房租。

【思考】
1. 这份合同有效吗?
2. 小刚的父母能要回房租吗?

在日常生活中,当事人不是签订了合同,合同就必然产生效力的。因此,我们在签订合同时,一定要注意它的有效性。合同效力是法律赋予依法成立的合同所产生的约束力。合同的效力可分为四大类,即有效合同,无效合同,效力待定合同,可变更、可撤销合同。

一份具有法律效力的合同,必须具备以下要件:

一是当事人必须具有相应的民事行为能力。合同当事人必须具有相应的民事行为能力,能够正确认识自己行为的意义和后果,签订的合同才有效,未成年人订立的合同,如果没有监护人的追认,是不具有法律效力的。另外,作为合同主体的法人、非法人组织,只有在登记核准的经营范围内从事经济活动,才具有法律效力,只有在它们的经营范围内签订的合同,才受法律保护。

专家点评

合同的当事人

合同的当事人具有完全民事行为能力人当然可以成为合同的主体。

限制民事行为能力人实施的与其年龄、智力或精神状况相适应的合同行为,或使其法定代理人同意的合同行为时,可以作为合同的主体。

无民事行为能力人在实施接受奖励、赠与、报酬等纯获利益的合同行为时,也可以作为合同的主体。另外,无民事行为能力人为满足日常零用的小额购买也认为是有效的。

自然人为不合格的当事人,典型的就是限制民事行为能力人、无民事行为能力人所订立的其所不能够独立进行的民事行为,此时他们所订立的合同为效力待定的合同,须经其法定代理人追认之后或其获得了相应的民事行为能力方可成为有效的合同。

二是意思表示真实。意思表示真实为一切民事法律行为的生效条件,也是合同生效的核心要素。合同当事人的意思表示不真实或以欺诈、胁迫的手段,或乘人之危,或逃避法律的行为,或在违背真实意思的情况下所有的行为,都将导致合同不发生法律效力。

三是不违反法律或者社会公共利益。合同的内容和目的不得违反国家法律、法规的强制性规定;在法律、法规没有规定时,不得违反国家有关规定的禁止性规定。同时,合同的内容和目的不得损害他人利益和危害国家利益、社会公共利益。

若不具有以上要件,则合同无效,可撤销或效力待定。

探究共享

我们经常看见一些商店的店堂告示上标有:"退、换商品包装或外观必须完好,否则收取相关费用";"此卡务必在有效期内使用,卡内金额过期作废";"本卡最终解释权归××公司所有";"特价商品,概不退换";"本寄物柜仅作物品保管,如有遗失概不负责";"超市购物付款后,出门须验票盖章,否则不予放行";"持本超市收银条在超市自有停车场停车免费,车辆盗损责任自负"。

格式合同

【思考】

经营者单方面制定的逃避法定义务、减免自身责任的不平等格式合同、通知、声明和店堂告示或者行业惯例等,具有法律效力吗?

在日常生活中,我们购置商品房、购买保险、外出旅游时签订的合同,都是对方事先准备好的,其条款并未与我们协商,这类条款就是格式条款。

格式条款是指由一方为了反复使用而预先制订的,在订立合同时不能与对方协商的条款。非格式条款是指当事人在订立合同时可以与对方协商的条款。

格式条款一般多出现在商品房销售、物业管理、装修服务、邮政、电信、金融、保险、交通运输、旅游等合同中。

一些经营者单方面制定的逃避法定义务、减免自身责任的不平等格式合同、通知、声明和店堂告示或者行业惯例等,限制消费者权利,严重侵害群众利益,这就是所谓的"霸王条款"。一般的"霸王条款"是无效的。

专家点评

为维护公平、保护弱者,法律法规对格式条款进行了限制,在订立格式条款时应主要有以下事项:

(1)提供格式条款的一方应当遵循公平原则确定当事人之间的权利和义务。

(2)提供格式条款一方免除其责任、加重对方责任、排除对方主要权利的,该条款无效。

(3)格式条款有以下情形的,该条款无效:①一方以欺诈、胁迫的手段订立合同,损害国家利益;②恶意串通,损害国家、集体或者第三人利益;③以合法形式掩盖非法目的;④损害社会公共利益;⑤违反法律、行政法规的强制性规定。

(4)采用格式条款就以下事项进行免责的,该条款无效:①造成对方人身伤害的;

②因故意或者重大过失造成对方财产损失的。

（5）对格式条款的理解发生争议的，应当按照通常理解予以解释。对格式条款有两种以上解释的，应当做出不利于提供格式条款一方的解释。格式条款和非格式条款不一致的，应当采用非格式条款。

（6）经营者不得以格式合同、通知、声明、店堂告示等方式做出对消费者不公平、不合理的规定，或者减轻、免除其损害消费者合同权益应当承担的民事责任。

合同的履行及保障

> **案海导航**
>
> **小明的租房谈判（续二）**
>
> 小明和房主签订了租房合同，在合同中约定先给付定金500元，剩余半年租金在入住当天一次性给付。按照约定，小明于十日后拿着行李准备入住，却发现房主已经将房屋租给王某。王某也和房主订立了租房合同，且已经交了半年房租，于三日前入住。
>
> 【思考】
> 房主应该承担什么责任？

当事人订立合同后，秉着诚实信用的原则，应该积极履行合同义务。

履行合同，就其本质而言，是指合同的全部履行。只有当事人双方按照合同的约定或者法律的规定，全面、正确地完成各自承担的义务的，才能使合同债权得以实现。

当事人全面、正确地完成合同义务，是对当事人履约行为的基本要求。当事人应当按照约定全面履行自己的义务，即按照合同规定的标的、质量、数量，由适当的主体在适当的履行期限、履行地点以适当的履行方式，全面完成合同义务。

> **专家点评**
>
> **"一房二租"该如何认定合同效力**
>
> 当出租人先后将租赁物出租给两个承租人时，因两份租赁合同均不具有无效或可撤销的条件，是有效合同。
>
> 依合同约定，出租人交付租赁物，承租人占有租赁物，其占有是合法占有，应当受到保护。因此先占有租赁物的承租人，即取得对租赁物的权利。因这种权利具有物权化的特征，有对抗力和排他性。
>
> 未占有租赁物的承租人，其享有的是来源于合同约定的请求交付租赁物的权利，是债权，根据物优先于债的原则，其不能对抗另一承租人所享有的具有物权特征的权利。

> 因此，未取得占有租赁物的承租人，只能依债务不履行向出租人请求损害赔偿，无法取得对租赁物的权利。
> 当然，法律规定对租赁关系进行登记，作为承租人对抗第三人的前提条件的，先将房屋租赁关系进行登记的承租人，取得承租人对租赁物的权利。

只完成合同规定的部分义务，就是没有完全履行。任何一方或双方均未履行合同规定的义务，则属于完全没有履行。无论是完全没有履行，还是没有完全履行，均与合同履行的要求相悖，当事人均应承担相应的责任。

违约责任有三种基本形式，即继续履行、采取补救措施和赔偿损失。除此之外，违约责任还有其他形式，如支付违约金等。

当然，如果在合同履行过程中出现了免责事由，违反合同一方不需要承担违约责任。合同法上的免责事由可分为两大类，即法定免责事由和约定免责事由。法定免责事由是指由法律直接规定、不需要当事人约定即可援用的免责事由，主要指不可抗力；约定免责事由是指当事人约定的免责条款。

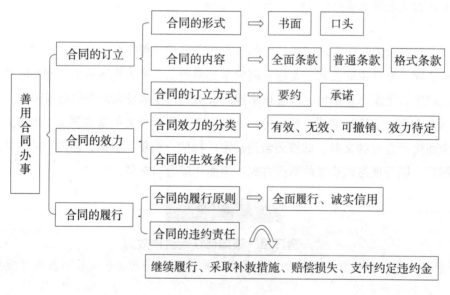

关于合同的相关事项

四、温馨家庭共营造

法律为婚姻保驾

案海导航

李某（男）与王某（女）是小学同学，同村居住，2010年双方18岁的时候，父母给他们定了亲，遂以夫妻名义住在了一起，并生育一子。2013年，李某外出务工，结识了女工秦某，不久即租房同居，并于2014年2月起诉到法院要求与王某离婚。王某则以《婚姻法》第四条"夫妻应当互相忠实……"的规定为根据提出反诉，要求保护自己与李某的婚姻关系，排除秦某的妨害行为。

【思考】
1. 李某与王某是否有合法的婚姻关系？
2. 人民法院应如何对待双方的诉讼？

家庭是人们基于婚姻关系、血缘关系或收养关系基础上产生的，亲属之间所构成的社会生活单位。它是幸福生活的一种存在，是最基本的社会设置之一，是人类最基本、最重要的一种制度和群体形式。从古至今，婚姻的和谐与家庭的幸福都是每个人的期盼，也是维护社会稳定的重要因素。

温馨幸福的婚姻家庭既需要亲情和爱情的精心维护，也离不开法律的有力保护。我国婚姻法是以建立和维护家庭成员之间敬老爱幼、平等互助、和睦文明的婚姻家庭为宗旨的。它确定了父母子女之间，夫妻之间的权利义务关系。

婚姻是由法律确认的男女两性的结合以及由此产生的夫妻关系。婚姻的法学概念应涵盖以下三层含义：以男女两性结合为基础；以共同生活为目的；具有夫妻身份的公示性。

知识链接

新中国共颁布过两部婚姻法，即1950年《婚姻法》和1980年《婚姻法》。

1950年5月1日公布施行的《婚姻法》是新中国颁布的第一部《婚姻法》，也是新中国颁布的第一部法律。

1980年9月10日，第五届全国人民代表大会第三次会议通过了新中国的第二部《婚姻法》，自1981年1月1日起施行，1950年《婚姻法》自新法施行之日起废止。

人们常说的新《婚姻法》应该是指经2001年4月28日修改公布实施的1980年《婚姻法》，以及之后陆续出台的三个司法解释：

自2001年12月27日起施行最高人民法院关于适用《婚姻法》若干问题的解释（一）。
自2004年4月1日起施行最高人民法院关于适用《婚姻法》若干问题的解释（二）。
自2011年8月13日起施行最高人民法院关于适用《婚姻法》若干问题的解释（三）。

结婚，法律上称为婚姻成立，是指男女双方依照法律规定的条件和程序确立婚姻关系的民事法律行为，并承担由此而产生的权利、义务及其他责任。我国《婚姻法》确定了实行婚姻自由，一夫一妻，男女平等，保护妇女、儿童和老人，计划生育五项基本原则。同时对结婚规定了几项具体的条件。

结婚证

结婚必须具备的条件包括：

其一，结婚必须男女双方完全自愿，不许一方对他方加以强迫或任何第三者加以干涉。禁止包办、买卖婚姻和其他干涉婚姻自由的行为。

《婚姻法》第五条规定："结婚必须男女双方完全自愿，不许任何一方对他方加以强迫或任何第三者加以干涉。"这一规定是婚姻自由原则在结婚制度中的具体体现，是通过法律将结婚决定权完全赋予当事者本人。

其二，结婚年龄男不得早于22周岁，女不得早于20周岁。晚婚晚育应予鼓励。

其三，符合一夫一妻制的基本原则。

禁止结婚的条件包括：

其一，禁止重婚。以重婚作为结婚的禁止条件是近现代各国亲属立法的通例，被认为是文明社会的标志之一。实行一夫一妻的婚姻制度是社会主义法制的基本要求，被确立为我国《婚姻法》的基本原则。我国《婚姻法》第三条第二款明确规定："禁止重婚。禁止有配偶者与他人同居……"

其二，禁止结婚的血亲关系。我国《婚姻法》第七条第一项规定："直系血亲和三代以内的旁系血亲"禁止结婚。

专家点评

血亲是指有血缘关系的亲属，是以具有共同祖先为特征的亲属关系。血亲又分为直系血亲和旁系血亲两种。

直系血亲是指和自己有直接血缘关系的亲属，如亲生父母、祖父母、外祖父母等均为长辈直系血亲，亲生子女、孙子女、外孙子女均为晚辈直系血亲。

旁系血亲是相对直系血亲而言的，它是指与自己具有间接血缘关系的亲属，如兄弟姐妹、伯伯、叔叔、姨母和侄、甥等都是旁系血亲。

其三，禁止结婚的疾病。法律禁止特定疾病的患者结婚，是保护结婚当事人的利益和社会利益的需要，也是许多国家立法的通例。我国《婚姻法》第七条第二项规定："患有医学上认为不应当结婚的疾病"者禁止结婚。

第十一课 公正处理民事关系

专家点评

近亲属结婚，极容易将一方或双方生理上、精神上的弱点和缺陷毫无保留地暴露出来，累积起来遗传给后代。据统计，人类隐性遗传性疾病有1 000多种，如父母为近亲，其带来隐性基因发病率高出非近亲结婚的150倍，出生婴儿的死亡率也高出3倍多。禁止近亲结婚，对提高中华民族的整体素质，促进民族的繁荣昌盛具有重要意义。

患有医学上认为不应当结婚的疾病是指哪些？

在司法实践中，主要有以下几类：①患性病未治愈的；②重症精神病(包括精神分裂症、躁狂抑郁症和其他精神病发病期间)；③先天痴呆症(包括重症智力低下者)；④非常严重的遗传性疾病。

结婚除必须符合法律规定的条件外，还必须在规定的结婚登记处履行法定的婚姻登记手续。结婚登记是国家对婚姻关系的建立进行监督和管理的制度。在中国，符合法定结婚条件的男女，只有在婚姻登记管理机关办理结婚登记以后，其婚姻关系才具有法律效力，受到国家的承认和保护。

知识链接

订婚又称婚约，依照我国民间习俗，通常结婚前先有订婚之仪式：订立婚书、交换礼物，或立媒妁人等。但依照我国现行法律，订婚并不是结婚前必备之程序，不具有法律效力。

随着现代社会订婚后又退婚，闪婚闪离的事件增多，相应地，需要退还彩礼的情况增多。对于彩礼的处理问题，最高人民法院关于适用《婚姻法》若干问题的解释：

第十条 当事人请求返还按照习俗给付的彩礼的，如果查明属于以下情形，人民法院应当予以支持：

（一）双方未办理结婚登记手续的；

（二）双方办理结婚登记手续但确未共同生活的；

（三）婚前给付并导致给付人生活困难的。

适用前款第（二）、（三）项的规定，应当以双方离婚为条件。

婚姻登记管理机关，在城市是街道办事处或者市辖区、不设区的人民政府的民政部门，在农村是乡、民族乡、镇的人民政府。按照我国《婚姻法》和《婚姻登记条例》的具体规定，结婚登记程序分为申请、审查和批准三个步骤。

知识链接

```
初审 ──┬─→ 审核双方当事人提交的证件和证明材料是否有效、齐全      ┐
       │                                                            ├→ 不符合登记条件的，出具《不予办理结婚登记告知单》
       └─→ 询问当事人是否自愿结婚                                   ┘
  ↓
受理 ──┬─→ 双方当事人阅读《结婚登记告知书》并签名或按指纹
       │
       └─→ 双方当事人各填写一份《申请结婚登记声明书》，并在婚姻登记员面前签名或按指纹；当事人宣读本人的《申请结婚登记声明书》，婚姻登记员负责监督，并在监督人一栏签名
  ↓
审查 ──→ 对当事人提交的证件、证明材料和声明书进行审阅并通过询问进行核对 ──→ 不符合登记条件的，出具《不予办理结婚登记告知单》
  ↓
登记 ──┬─→ 符合结婚条件的，由婚姻登记员填写《结婚登记审查处理表》，交由当事人核对并在婚姻登记员面前签名；当事人交纳婚姻登记证工本费
       │
       └─→ 上述流程完毕，且核对无误后，婚姻登记员打印结婚证，并签名、盖章
  ↓
发证 ──→ 当场向双方当事人颁发结婚证
```

婚姻登记程序

案海导航

刘某是一名孤儿，经营一家饭馆，其妻李某为某学校教师。双方于2012年结婚，住在刘某婚前购买的一套价值50万元的房屋中。结婚时双方书面约定，刘某婚前购买的房屋归双方共有，双方婚后所得归各自所有。婚后不久，刘某即在游泳时溺水死亡。其经营的饭馆共有资产20万元。

【思考】
1. 双方的财产约定是否有效？
2. 刘某死后，他和李某共有房屋应如何处理？林某的哪些财产可由李某继承？

男女结合后即成夫妻，夫妻关系是家庭关系中最重要的关系。为了维护家庭的和睦，夫妻都需要遵守一些规则。我国《婚姻法》对夫妻关系做了一些规定，以"家庭地位平等"

为核心,从法律上讲,夫妻关系包括夫妻人身和夫妻财产的权利义务关系。

名家金句

承担义务是幸福而长久的婚姻关系的基础。 ——弗罗伦斯·伊萨克斯

夫妻人身关系是指夫妻双方在婚姻中的身份、地位、人格等多个方面的权利义务关系,是夫妻关系的主要内容,根据《婚姻法》的有关规定,夫妻人身关系主要有以下内容:夫妻双方地位平等、独立;夫妻双方都享有姓名权;夫妻之间的忠实义务;夫妻双方的人身自由权,有参加生产、工作、学习和社会活动的自由;夫妻住所选定权;禁止家庭暴力、虐待、遗弃;夫妻双方都有实行计划生育的义务。

夫妻财产关系是指夫妻双方在财产、抚养和遗产继承等方面的权利义务关系。这些权利义务源于夫妻的人身关系,是夫妻人身关系的直接后果。根据《婚姻法》的规定,夫妻财产关系由三部分组成,分别是:夫妻财产的所有权,包括夫妻一方的财产所有权和夫妻双方的共同财产所有权;夫妻间互相扶养的义务;夫妻间相互继承遗产的权利。

专家点评

我国《婚姻法》对夫妻财产制采取的是法定夫妻财产制与约定夫妻财产制相结合的模式,并做了详细的规定。夫妻财产主要包括:

(1)夫妻共同财产。夫妻在婚姻关系存续期间所得的下列财产,归夫妻共同所有:工资、奖金;生产、经营的收益;知识产权的收益;继承或赠与所得的财产;其他应当归夫妻共同所有的财产。夫妻对共同所有的财产,有平等的处理权。

(2)夫妻个人特有财产。其包括:一方的婚前财产;一方因身体受到伤害获得的医疗费、残疾人生活补助费等费用;遗嘱或赠与合同中确定只归夫妻一方所有的财产;一方专用的生活用品;其他应当归一方的财产。值得注意的是,军人的伤亡保险金、伤残补助金、医药生活补助费等也属于个人财产。

《婚姻法》第十九条规定:"夫妻可以约定婚姻关系存续期间所得的财产以及婚前财产各自所有、共同所有或部分各自所有、部分共同所有……"

约定夫妻财产制是夫妻双方通过协商对婚前、婚后取得的财产的归属、处分以及在婚姻关系解除后的财产分割达成协议,并优先于法定夫妻财产制适用的夫妻财产制度,又称有契约财产制度。

约定应当采用书面形式。没有约定或约定不明确的,适用《婚姻法》第十七条、第十八条的规定,即法定夫妻财产制的有关内容。夫妻对婚姻关系存续期间所得的财产以及婚前财产的约定,对双方均具有约束力。

> **专家点评**
>
> 根据2011年7月最高人民法院关于适用《婚姻法》若干问题解释（三）的相关规定，婚后由一方父母出资为子女购买的不动产，产权登记在出资人子女名下的，视为只对自己子女一方的赠与，该不动产应认定为夫妻一方的个人财产。
>
> 此外，由双方父母出资购买的不动产，产权登记在一方子女名下的，该不动产按照双方父母的出资份额按份共有，但当事人另有约定的除外。

夫妻财产除了包括积极财产外，还包括消极财产，即对外负担的债务。夫妻共同负担债务，由夫妻共同所有财产清偿；夫妻一方所负的债务，由其个人所有的财产清偿。如果夫妻在婚姻关系存续期间所得的财产约定归各自所有，而第三人又不知道该约定的，则以夫妻在婚姻关系存续期间所得的财产清偿。婚前、婚后的时间分隔点是婚姻登记之日，同居、共同生活、举办传统婚姻仪式，都不是两者的划分标准。

法律为家庭护航

> **案海导航**
>
> 常某从小丧父，母亲一人含辛茹苦地养大常某，供他吃穿，省吃俭用让他上了大学，受了良好的教育。等到常某23岁本科毕业，母子俩对未来充满希望的时候，母亲却因为长期操劳而生病了，经医院检查是肝脏出现病变，急需进行肝脏移植手术。常某为了给母亲进行肝脏移植手术，身材肥胖的他靠暴走减肥40斤，切除身上60%左右的肝脏移植给母亲，挽救了母亲的生命。通过自己的努力，终于找到了一份满意的工作，让母亲安心在家养病。
>
> 【思考】
> 1. 你是怎么看待案例中母亲的做法的？
> 2. 常某的做法你赞同吗？
> 3. 通过案例，你知道父母和子女之间有什么权利和义务关系吗？

人们常常把家庭比作温馨的港湾，不过很少有人意识到，家庭成员之间的纽带不仅仅是道德层面上的关系，还涉及法律层面上的民事权利和义务。

> **名家金句**
>
> 家庭和睦是人生最快乐的事。
> ——歌德

在家庭成员间的各种关系中，父母子女关系是与我们联系最密切的一种关系。

父母子女关系又称亲子关系，法律上是指父母与子女间权利义务的总和。父母子女关系通常基于子女出生的事实而发生,也可因收养而发生。无论是哪种亲子关系,根据我国《婚姻法》的规定，父母对子女都有抚养和教育的义务,抚养是指父母为子女的生活、学习等提供物质条件。这种义务对未成年子女是无条件的，对成年子女则是有条件的，即当其不能独立生活时，父母仍应承担抚养义务。教育是父母从思想文化、科学知识上给予子女一定的指导和帮助，如父母必须按照我国九年制义务教育的规定，让适龄子女按时入学。

专家点评

父母子女关系可分为：
（1）父母与亲生子女，包括婚生子女和非婚生子女之间的关系。
（2）养父母与养子女之间的关系。
（3）继父母与继子女之间的关系。

父母与非婚生子女之间，养父母与养子女之间，继父母与受其抚养教育的继子女之间，均适用法律对父母子女关系的有关规定，以保护儿童和老人的合法权益。

继父母与继子女的关系是由于生父、母一方死亡或者父、母离婚后另一方带子女再婚后形成的。我国婚姻法将继父母与继子女的关系分成两类。

①受继父母抚养教育的继子女与继父母之间的关系是法律拟制直系血亲关系。
②未受继父母抚养教育的继子女与继父母之间的关系是直系姻亲关系。我国《婚姻法》规定，继父母与继子女之间不得虐待或歧视，受继父母抚养教育的继子女与继父母之间的权利义务关系与父母子女权利义务相同。

父母还有保护未成年子女的义务。作为父母，要保护未成年子女的人身安全和合法权益，防止和排除来自自然界的损害以及他人的非法侵害，还要保护未成年子女的人身安全和健康以及财产权益，对子女行为要加以约束和引导，对子女的错误进行批评和管教，在未成年子女对国家、集体或他人造成损害时承担民事责任。

子女对父母有赡养扶助的义务。子女要赡养父母，为父母提供物质上、经济上的帮助。子女不履行赡养义务时，无劳动能力的或生活困难的父母，有要求子女付给赡养费的权利。除去物质扶持，子女还应该在精神上、感情上给予父母关心和体贴。

我国婚姻法和继承法还规定，父母子女互有继承遗产的权利，互为第一顺序继承人。

探究共享

据一项调查显示，在我们身边每三个已婚女子中，就有一个曾经或正在忍受婚姻中的身体暴力。其实，在家庭暴力中的受害者除了女人，还有男人和孩子，家庭暴力正越来越严重地影响着人们的婚姻和生活质量。

【思考】
1. 什么是家庭暴力？它和遗弃、虐待有什么区别？
2. 对于有遗弃、家庭暴力、虐待等行为的人，通过哪些方式来进行制裁？

当前，家庭的不幸已经成为我国未成年人犯罪的一个重要诱因。家庭暴力、虐待、遗弃成为侵害家庭成员的权利、破坏家庭和睦的主要行为，轻则会造成家庭成员关系紧张，重则会制造出难以挽回的家庭悲剧。《中华人民共和国未成年人保护法》（以下简称《未成年人保护法》）和《婚姻法》一起构成了保护家庭的法律屏障。

家庭暴力是指对家庭成员进行身体、精神上的暴力侵犯的行为，向来是破坏家庭关系的祸首。

遗弃是指一个人拒绝扶（抚）养其有义务扶（抚）养的年老、年幼、患病或者其他没有独立生活能力的家庭成员的行为。

虐待是指对共同生活的家庭成员经常以打骂、冻饿、禁闭、有病不治、强迫过度劳动或限制人身自由、凌辱人格等方法，从身体或精神上进行摧残迫害的行为。

我国《未成年人保护法》规定，家长不得遗弃未成年人；遗弃未成年人的，依照刑法追究刑事责任。

我国《婚姻法》规定，实施家庭暴力或虐待家庭成员，受害人有权提出请求，相关组织或部门应予以劝阻、调解、制止，必要时还应对行为人给予必要的法律制裁，以便及时制止正在发生的家庭暴力或虐待家庭成员的行为。

知识链接

家庭暴力或虐待的受害人可采取以下四种途径获得救济：
（1）受害人可以请求居民委员会、村民委员会及受害人所在单位调解。
（2）受害人可以请求居民委员会、村民委员会及所在单位劝阻。
（3）受害人有权要求公安机关予以制止及予以行政处罚。基于受害人的请求，公安机关应采取措施强迫正在实施家庭暴力或虐待的行为人停止其行为。
（4）受害人可以依照《刑事诉讼法》的有关规定提起自诉或者由人民检察院提起公诉。对实施家庭暴力或虐待构成犯罪的，依法追究刑事责任。受害人可以依照《刑事诉讼法》的有关规定，向人民法院自诉；也可以向有关机关控告，由公安机关依法侦查，人民检察院依法提起公诉。

第十二课　依法生产经营，保护环境

　　作为中职生，我们将来告别校园时必然要走就业、创业之路。然而，无论是就业还是创业，对于初入社会的我们来说都不会一帆风顺。在就业过程中，求职陷阱、劳动侵权是我们将要面临的考验；假如决定创业，守法经营、承担环保等社会责任应当成为我们的真心选择，这些都涉及劳动维权、生产经营、保护环境资源以及规范行业活动的相关法律知识。我们要在学习这些法律知识的基础上，进一步增强法律意识，提高在职业活动中守法、用法的自觉性，提高依法从事职业活动的能力。

一、依法处理劳资关系

小心误入求职陷阱

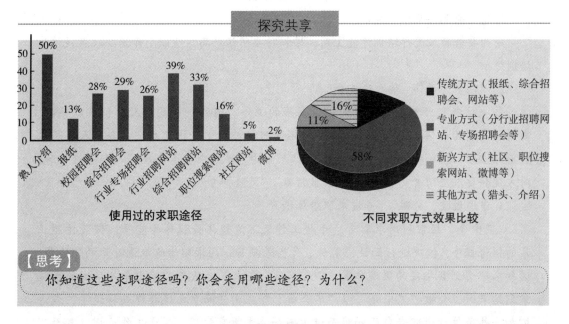

【思考】
你知道这些求职途径吗？你会采用哪些途径？为什么？

　　同学们经过几年的专业学习，都希望毕业后能找到一份满意的工作。但就业难，是现代世界一个比较普遍的问题，何况我们这个超级人口大国正经受着社会转型、经济结构调整、国企改革、城镇化快速发展以及全球经济一体化的猛烈冲击，就业更难。我国2014年高校毕业生人数突破700万之后，2015年的毕业生人数持续突破700万。毕业生人数在年年递增，就业之难也似乎成了常态。

在这样的背景下，我们更需要掌握更多的求职途径，提升求职成功的概率。一般学生求职的途径主要有以下几种：一是通过本校的毕业生就业指导中心实现就业；二是参加各类招聘会（主要是学校和人才市场）实现就业；三是通过网络、报纸、杂志、广播、电视等媒体渠道实现就业；四是通过个人的社会关系渠道实现就业；五是个人在社会实践、毕业实习或业余兼职等方式中实现就业。

毕业的求职大军

然而，我们在求职的过程中，一些单位和个人会利用求职者急切的求职心态，进行诈骗活动，如招聘会上的兼职推销，往往要附加培训费等。根据最新调查，有五成求职者在求职包括兼职过程中遭遇过陷阱，如招聘职位与实际职位不相符，收取各种名目的费用，（如风险押金、培训费、服装费、建档费等各种名目的费用），这些都是求职陷阱中的惯用伎俩，需要我们求职者进行有效的甄别、选择。

知识链接

常见的求职陷阱

1. 想要兼职要交培训费

因为要给新人进行培训才能上岗，培训时要用些产品，所以刚开始要收点钱作为培训费。

2. 以高薪为诱饵，骗人先掏钱

每一位求职者都希望能找到一份高薪的工作。因此，一些用人单位就以夸张、离谱的高薪为诱饵。例如，一家根本就不起眼的公司，开出"欢迎社会新人，薪水5 000元起"这样诱人的高薪来诱使求职者上钩。等到求职者办理"入职手续"时，对方就会要求应聘者交"建档费""服装费""风险押金"。

3. 串通医院"分赃"，专坑求职者体检费

"黑中介"经常利用求职者急于找工作又不清楚体检程序等空子，假装按照正常的招聘程序，依次进行面试、笔试、体检等项目，向求职者收取近百元的体检费，通知求职者到其指定的医院体验。3天以后，当求职者从与"黑中介"串通的医院拿到结果时，会被"黑中介"以"不合格"等理由堂而皇之地拒绝或辞退了，或者增加一些条件让求职者自己知难而退（例如要求再交费用、改变工作承诺，甚至用工作内容就是当打手来吓唬求职者等），体检费则被"黑中介"和医院瓜分，求职者只得有苦难言，就算"幸运"通过了体检，"黑中介"也是能拖就拖，应聘者根本没有工作的机会。

4. 扣留证件，要求求职者做不正当商业行为

初次求职者一般经验缺乏，加之防备松懈，因此市场上有人设陷阱，诱骗其从

事不正当的商业行为，或用不当手法扣留求职者保证金、证件等，使无辜者受害。

5. 暗收违约金

在协议存续期间，一些用人单位采取各种手段逼毕业生主动提出辞职，然后收取违约金，最高的违约金竟达5万元。

6. "挂羊头、卖狗肉"

实际上一些单位在人才市场"挂羊头、卖狗肉"，如招聘时说招编辑、记者，实则是招广告业务员，如打出招聘财务总监、工程师等广告，而实际上却是做一些一般性的工作。除电话费外，公司几乎不需要支付任何成本，业务员没有任何底薪，全靠广告提成。这类招聘广告所要招聘的，一般是各种业务员、促销员。广告上承诺提供的薪水，往往都比较高，许多求职者很容易为之所动，招聘单位常常挑出应聘者的种种"不足"，然后以此为理由来压低薪水。

7. 试用期陷阱

"试用期三个月，试用月薪800元，转正后月薪1 500元，另加各类津贴。"这样的薪资待遇可以吸引不少迫切求职的人。于是，好容易通过面试的应聘者们，勤勤恳恳地卖力工作，希望早点熬过三个月的试用期。结果往往是三个月一到，公司随便编个理由，就把他们打发回家了。其实，这些公司就是利用了试用期的用工成本低廉的优势，钻了试用期容易解除劳动关系的空子，出最少的钱，用最好的人。

8. 真假培训

有些单位会在招聘信息上注明"先培训后上岗"，其实，这些信息中以"培训为主、上岗为辅"的情况居多。不少企业确实在培训者中招用了一些人员，但更多的是培训结束就没了下文。他们正是利用了政府提供的培训优惠政策，从政府补贴中获取利益。他们不仅仅浪费了求职人员的时间和精力，更损害了国家的财产和利益。

从学校毕业后，同学们的身份将从学生转变为劳动者。不仅是求职，我们在就业劳动中，也会遇到很多问题。为了维护广大劳动者的合法权益，促进就业，改善就业环境，构建和谐稳定的劳动关系，我国先后制定了《中华人民共和国劳动法》（以下简称《劳动法》）、《中华人民共和国劳动合同法》（以下简称《劳动合同法》）、《中华人民共和国就业促进法》、《中华人民共和国劳动争议调解仲裁法》等一系列劳动法律法规。这些法律法规为规范劳动力市场的运行秩序，保护劳动者合法权益提供了法律保障。

专家提醒

作为职业学校的学生，在完成学校规定内容的学习之后，都会参加顶岗实习。通过实习，我们一方面可以了解企业的文化和制度，了解工作的内容和要求，另一方面也可以在对口实习中，提高自身的专业技能。在顶岗实习中，学校、实习单位、学生及家长三者之间一般都会签订书面协议，明确各方的责、权、利，减少纠纷。可见，签订合同对于明确企业的责任，保护学生的利益，发挥着重要的作用。

值得注意的是，学生因顶岗实习和企业签订的合同，与其成为一名真正的劳动者与企业签订的合同是有区别的。

依法签订劳动合同

案海导航

张女士在一家制衣公司负责人事工作。该公司目前约有80名缝纫工。因为缝纫工供不应求，懂得缝纫技术的女工十分走俏。为了留住现有的缝纫工，公司每名缝纫工每月的工资都在3 000元以上。以前虽然公司一直要求进公司的缝纫工都要签劳动合同，但有不少女工不愿意签。然而，根据《劳动合同法》的规定，如果不让工人全签合同，公司将面临处罚。于是，该公司要求所有缝纫工都必须

签订劳动合同

签订劳动合同，但全公司仍然有2/3的工人不与公司签订劳动合同。更让张女士意外的是，有不少工人向公司写了一份"自愿不签劳动合同"的材料，以便公司接受劳动保障部门的检查。

"不签合同，明年可能要被处罚；强制要求签合同呢，又可能让一部分工人流失。"张女士说，不少工人不愿签合同的主要理由是，现在需要缝纫工的制衣公司很多，她们选择空间大。如果有合同约束，缝纫工流动就没有那么自由了。

【思考】
1. 劳动者不愿与用人单位签订劳动合同的心态该如何看待？
2. 不签订劳动合同是利大还是弊大？为什么？

劳动合同是劳动者与用工单位之间确立劳动关系，明确双方权利和义务的协议。根据这个协议，劳动者加入企业、个体经济组织、事业组织、国家机关、社会团体等用人单位，成为该单位的一员，承担一定的工种、岗位或职务工作，并遵守所在单位的内部劳动规则和其他规章制度；用人单位应及时安排被录用的劳动者工作，按照劳动者提供劳动的数量和质量支付劳动报酬，并且根据劳动法律、法规规定和劳动合同的约定提供必要的劳动条件，保证劳动者享有劳动保护及社会保险、福利等权利和待遇。

劳动者和用人单位之间一经确立劳动关系就应当签订劳动合同。劳动合同是在劳动者与用人单位发生劳动争议时保障自身权益的重要依据，无论是举报、申诉还是申请仲裁，

没有劳动合同这个关键证据会带来很多麻烦。

订立和变更劳动合同，应当遵循平等自愿、协商一致的原则，不得违反法律、行政法规的规定。劳动合同一经劳资双方当事人签字盖章即具有法律约束力，双方当事人必须依法履行。

目前，劳动争议案件已经成为上升幅度最大的民事案件之一。法院在审理劳动争议案件中发现，一些合法权益受到侵害的劳动者，因为没有与被告单位签订劳动合同或是签订的劳动合同条款对自己不利，所以在发生劳动争议案件之后，处于被动地位。因此，我们在签订劳动合同时有五大注意事项。

第一，应当签订书面合同。

书面的劳动合同是你日后证明自己是员工、享有劳动者权利的有力证据，假如以后单位克扣工资甚至非法侵害，可向有关部门投诉。劳动合同是劳动关系成立的凭证。签订完合同，自己手里一定要有一份，有些单位会把两份都收走，一定要据理力争。

专家提醒

劳动合同应当在试用期内签订，而不是等试用期结束再签。有些单位不想承担试用期的用工责任，说等试用期结束签正式的劳动合同是违法行为。

第二，防止签订无效合同。

在签订合同时，要关注用人单位是否具有法人资格，是否在年检有效期内；单位从事的工作是否合法；合同生效条件是否能够达到等内容，防止因合同被认定无效导致自身权利受损。

第三，试用期的规定要合法，不能过长。

试用期过长对劳动者是不利的，一些人员流动性大、岗位技术含量不高的用人单位有可能会据此将劳动者当作廉价劳动力，因为在试用期内单位单方面解除劳动者的合同是不需要付经济补偿金的。因此，我国法律对试用期的期限有着严格的规定。

知识链接

《劳动合同法》部分规定

第十九条 劳动合同期限三个月以上不满一年的，试用期不得超过一个月；劳动合同期限一年以上不满三年的，试用期不得超过二个月；三年以上固定期限和无固定期限的劳动合同，试用期不得超过六个月。

同一用人单位与同一劳动者只能约定一次试用期。

以完成一定工作任务为期限的劳动合同或者劳动合同期限不满三个月的，不得约定试用期。

> 试用期包含在劳动合同期限内。劳动合同仅约定试用期的，试用期不成立，该期限为劳动合同期限。
>
> 第二十条 劳动者在试用期的工资不得低于本单位相同岗位最低档工资或者劳动合同约定工资的百分之八十，并不得低于用人单位所在地的最低工资标准。
>
> 第二十一条 在试用期中，除劳动者有本法第三十九条和第四十条第一项、第二项规定的情形外，用人单位不得解除劳动合同。用人单位在试用期解除劳动合同的，应当向劳动者说明理由。

第四，收取押金或扣证件是违法的。

有些用人单位为不让员工随便跳槽，让员工交押金或把学历证件、身份证件上交公司，这是典型的违法行为。

专家点评

> 生活中，劳动合同陷阱有很多。部分用人单位为了实现自己利益的最大化，千方百计在劳动合同中设立种种陷阱，侵害劳动者的合法权益，主要包括：在合同中设立押金条款；采用格式合同，不与劳动者协商；在合同中规定逃避责任的条款，对于劳动者工作中的伤亡不负责任；准备了至少两份合同，一份是假合同，内容按照有关部门的要求签订，以对外应付有关部门的检查，但真正执行的是另一份合同等。

第五，待遇条款要明确。

劳动者在签订合同时一定要关注工资水平、职务、工作条件、保险等有关自己利益的条款，一定要明确。诸如"按公司规定支付乙方工资、办理保险"这样的字眼就很含糊，容易发生纠纷。

了解劳动者的法定权利

作为未来的劳动者，同学们需要了解法律赋予了我们哪些权利，才能更好地维护自己的合法劳动权益。

劳动者有平等就业和选择职业的权利。这是公民劳动权的首要条件和基本要求。在我国，劳动者不分民族、种族、性别、宗教信仰，都平等地享有就业的权利。劳动者选择就业的权利是平等就业权利的体现。就业歧视是对该项权利的严重侵犯。

劳动者有获得劳动报酬的权利。劳动报酬包括工资和其他合法劳动收入，用人单位不及时足额向劳动者支付劳动报酬，劳动者可以依法要求有关部门追究其责任。

劳动者有休息休假的权利。休息权和劳动权是密切联系的。休假是劳动者享有休息权的一种表现形式。劳动法规定的休息时间包括工作间隙、两个工作日之间的休息时间、公休日、法定节假日，以及年休假、探亲假、婚丧假、事假、生育假、病假等，但在现实生活中基于种种原因还有待全面落实。

劳动者有在劳动中获得劳动安全和劳动卫生保护的权利。劳动者在安全、卫生的条件下进行劳动是生存权利的基本要求。劳动安全、卫生权是一项重要的人权。用人单位必须依法依规负起安全生产的重要责任，防止生产劳动过程中出现事故，减少职业危害。

劳动者还有接受职业技能培训、享有社会保险和福利、提请劳动争议处理、组织和参加工会、参与民主管理、提出合理化建议，以及进行科学研究、技术革新和发明创造等其他权利。

法律保障劳动者权利，同时也规定了劳动者义务，如完成劳动任务、提高职业技能、遵守劳动纪律、执行劳动安全卫生规程等。劳动者只有认真履行劳动义务，才能理直气壮地享有各项劳动权利。

明晰劳动维权途径

探究共享

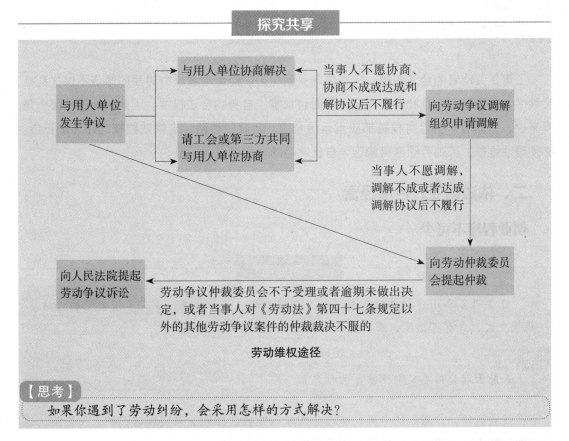

劳动维权途径

【思考】
如果你遇到了劳动纠纷，会采用怎样的方式解决？

在履行劳动合同的过程中，劳动者与用人单位可能发生纠纷，引发劳动争议。

目前，解决劳动争议的机构和途径很多。劳动者和用人单位发生争议后，双方可以协商解决，自行处理。劳动者也可以向本单位劳动争议调解委员会申请调解。如果没有达成调解协议或者劳动者拒绝调解而要求仲裁的，也可以由劳动者直接向劳动争议仲裁委员会申请仲裁。如果劳动者对仲裁委员会的裁决不服，还可以向人民法院提起诉讼。劳动争议案件申请仲裁是必要程序，人民法院只有在当事人对仲裁结果不服时才受理诉讼。

要闻回眸

2015年1月，农民工李某因新城建设过程中，所在公司拖欠工资问题，纠集其他两名工人到工地闹事，欲关闭施工电闸不让工地施工。工地保安张某发现后手持木棍赶来制止，并威胁"谁拉电闸就打谁"，致使李某等人情绪更加激动。李某从工地上拾起一条方形木棍，冲到张某面前，用木棍打击张某头部，致使其重伤。李某因故意伤害罪，最终被判处有期徒刑8年。当时，李某一家本等着领了工资回家过年，火车票都已买好，却因一时冲动让自己深陷囹圄，不得自由。

【思考】
这样的讨薪方式合适吗？

工资是劳动者的合法报酬，应当依法受到保护。但劳动者暴力讨薪的做法不仅扰乱社会秩序，侵害他人人身和财产安全，同时也损害了自身的合法权益。因此，无论从哪个角度来说，劳动者维护自身权益都应当运用合法"武器"讨薪，走依法维权之路才是正道。必须理性维权，否则劳动者可能因为自己冲动的行为而自尝苦果。

二、依法创业、合法经营

创业程序不可少

案海导航

王某开了个小建材作坊，并领取了个体工商户营业执照，但为了使自己的作坊规模更大、更有可信度，王某挂了个某建筑材料有限公司的牌子。

【思考】
王某能否以公司名义做生意？为什么？

在就业竞争如此激烈的今天，有部分同学可能会选择创业来实现自己的人生价值。这就需要了解设立企业的相关知识，以顺利地创办企业。

企业一般是指以营利为目的，运用各种生产要素（土地、劳动力、资本、技术和企业家才能等），向市场提供商品或服务，实行自主经营、自负盈亏、独立核算的法人或其他社会经济组织。

企业存在三类基本组织形式——独资企业、合伙企业和公司，公司制企业是现代企业中最主要、最典型的组织形式。我国法律规定，公司是指有限责任公司和股份有限责任公司，具有企业的所有属性。因此，凡公司均为企业，但企业未必都是公司。公司只是企业的一种组织形态。个体工商户是指有经营能力并依照《个体工商户条例》的规定经工商行政管理部门登记，从事工商业经营的公民，不属于企业范畴。

知识链接

企业最主要的表现形式是公司，《中华人民共和国公司法》将公司分为有限责任公司和股份有限公司两种。

有限责任公司简称有限公司，是指根据《中华人民共和国公司登记管理条例》规定登记注册，由五十个以下的股东出资设立，每个股东以其所认缴的出资额对公司承担有限责任，公司以其全部资产对其债务承担责任的经济组织。有限责任公司包括国有独资公司以及其他有限责任公司。

股份有限公司是指公司资本为股份所组成的公司，股东以其认购的股份为限对公司承担责任的企业法人。设立股份有限公司，应当有2人以上200以下为发起人，注册资本的最低限额为人民币500万元。

企业设立是指为使企业成立，取得合法的市场主体资格而依据法定程序进行的一系列法律行为的总称。设立企业必须具备法律规定的条件，具体包括：企业的经营范围必须符合法律的规定；有符合法律规定的名称；有企业章程或者协议；有符合法律规定的资本；有相应的组织机构和从业人员；有必要的经营场所和设施。

专家点评

注册资本也叫法定资本，是公司制企业章程规定的全体股东或发起人认缴的出资额或认购的股本总额，并在公司登记机关依法登记。

注册公司最低注册资本为：

（1）有限责任公司注册资本的最低限额为人民币3万元。

（2）一人有限责任公司注册资本最低限额为10万元，且股东应当一次缴足出资额。

（3）股份有限公司注册资本的最低限额为500万元。

设立企业必须遵循法定程序。不同形态的企业设立程序也有所不同。一般都需要申请人向登记机关提交申请材料，由登记机关做出是否核准登记的决定。登记机关对设立申请文件进行审核，符合条件的予以登记，发给营业执照。至此，企业正式成立，可以以企业名义进行生产经营活动，并承担相应的法律责任。

专题五 依法从事民事经济，维护公平正义

> **专家点评**

鉴于日常生活中公司是最为常见的企业形式，我们以公司的注册登记程序为例来说明企业设立程序。

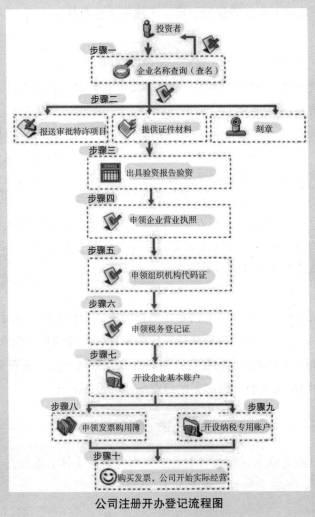

公司注册开办登记流程图

公平竞争要牢记

> **探究共享**

很多人对2008年春晚蔡明、郭达表现的小品《梦幻家园》记忆犹新。蔡明扮演一位售楼小姐，与扮演业主的郭达展开了一系列让人忍俊不禁的对话——

……

【郭达】行了，你说这些话谁信啊？我买房子的时候你们说，这院子里有100多

棵参天大树,在哪啊?

小品《梦幻家园》

【蔡明】在院子里呢。
【郭达】就那么几棵小树苗啊,这不仔细看还以为种了一排葱呢。
【蔡明】您别着急啊,100年以后,它们就长成参天大葱了。
【郭达】什么?
【蔡明】大树了。
【郭达】还有啊,你们广告上画了小区的天空中飞着天鹅,池塘里边游着鱼,鱼呢?
【蔡明】天鹅吃了。
【郭达】不是,那天鹅呢?
【蔡明】吃饱了飞了。
【郭达】怎么全让我给碰上了?
【蔡明】巧了。
【郭达】啊,对了,还有这个,你们上面写着买房子送家具,你们送了吗?
【蔡明】您买了吗?
【郭达】什么叫我买了吗?
【蔡明】您没买我们怎么送啊?
【郭达】不,你们怎么个送啊?
【蔡明】就是您在家具店买了我们给您送家去。
【郭达】这么个送啊!你们这是欺骗。
……

【思考】

1. 房地产商很多,竞争也很激烈,售楼小姐为了自己的销售业绩,对顾客进行了虚假宣传,这种做法对吗?
2. 在其他市场经营活动中,是否也存在着类似现象?

在现实生活中，不正当竞争行为五花八门、形形色色、举不胜举。不正当竞争行为是指经营者在市场竞争中，采取非法的或者有悖于公认的商业道德的手段和方式，与其他经营者相竞争的行为。我国专门制定了《中华人民共和国反不正当竞争法》（以下简称《反不正当竞争法》）对这些行为加以制约。

专家点评

为保障社会主义市场经济健康发展，鼓励和保护公平竞争，制止不正当竞争行为，保护经营者和消费者的合法权益，中华人民共和国制定了《反不正当竞争法》。由1993年9月2日第八届全国人民代表大会常务委员会第三次会议通过，自1993年12月1日起施行。

《反不正当竞争法》规定以下行为为不正当竞争行为：

（1）经营者假冒或仿冒的行为。
（2）具有独占地位的经营者限定他人购买其指定经营者的商品以排挤其他经营者的行为。
（3）政府及其所属部门滥用行政权力限定他人购买其指定经营者的商品，限制其他经营者的正当经营活动，以及限制外地商品进入本地市场，或者本地商品流向外地市场的行为。
（4）经营者采用财物或者其他手段进行贿赂以销售或者购买商品的行为。
（5）经营者虚假宣传的行为。
（6）经营者侵犯商业秘密的行为。
（7）经营者以排挤对手为目的，以低于成本的价格销售商品的行为。
（8）经营者违背购买者的意愿搭售商品或者附加其他不合理的条件的行为。
（9）经营者不当有奖销售的行为。
（10）经营者捏造、散布虚伪事实，损害竞争对手的商业信誉、商品声誉的行为。
（11）串通招投标行为。

产品质量为根本

要闻回眸

2013年5月，湖南省攸县3家大米厂生产的大米在广东省广州市被查出镉超标事件经媒体披露。广东佛山市顺德区通报了顺德市场大米检测结果，销售终端有6家店里售卖的6批次大米镉含量超标；在生产环节，3家公司生产的3批次大米镉含量超标。相关人员在流通环节抽检了湖南产地的大米。5月16日，广州市食品药品监督管理局在其网站公布了2013年第一季度抽检结果，8批次产品不合格的原因都是镉含量超标。从 5 月 19 日开始，攸县已经召集农业、环保等多个政府部门组成调查组对此展开调查。

【思考】
对这些单位进行查处，主要依据的是什么法律？

《中华人民共和国产品质量法》(以下简称《产品质量法》)为商品的生产者、销售者设定了保障产品质量的责任和义务。所谓产品质量责任，是指产品的生产者、销售者以及对产品质量负有直接责任的人不履行《产品质量法》规定的产品质量义务应承担的法律后果。生产者、销售者不履行产品质量义务的行为表现为：生产者、销售者违反法律法规对产品质量所作的强制性要求；生产者、销售者违反法律法规就产品质量向消费者所作的说明或者陈述；产品存在缺陷。

根据《产品质量法》的规定，作为生产者，应当对其生产的产品质量负责，产品或者其包装上的标识必须真实，不得生产国家明令淘汰的产品，不得伪造产地，不得伪造或者冒用他人的厂名、厂址，不得伪造或者冒用认证标志等质量标志，不得掺杂、掺假，不得以假充真、以次充好，不得以不合格产品冒充合格产品；作为销售者，应当建立并执行进货检查验收制度，验明产品合格证明和其他标识，采取措施保持销售产品的质量，不得销售国家明令淘汰并停止销售的产品和失效、变质的产品，销售的产品的标识应当符合《产品质量法》的规定，不得伪造产地，不得伪造或者冒用他人的厂名、厂址，不得伪造或者冒用认证标志等质量标志，不得掺杂、掺假，不得以假充真、以次充好，不得以不合格产品冒充合格产品。

一旦因产品质量问题造成损害，产品的生产者或销售者就需要承担相应的法律责任。因产品缺陷造成受害人人身伤害的，侵害人应当赔偿医疗费、治疗期间的护理费、因误工减少的收入等费用；造成残疾的，还应当支付残疾者生活自助费、生活补助费、残疾赔偿金以及由其扶养的人所必需的生活费等费用；造成受害人死亡的，并应当支付丧葬费、死亡赔偿金以及由死者生前扶养的人所必需的生活费等费用。因产品缺陷造成财产损害的，受害人有权要求赔偿相应的财产损失费。除此以外，产品质量监督部门还可对生产者、销售者进行行政处罚，行为人因产品质量问题构成犯罪的，依法追究刑事责任。

值得注意的是，因产品存在缺陷造成人身、他人财产损害的，受害人拥有选择权，既可以向产品的生产者要求赔偿，也可以向产品的销售者要求赔偿。属于产品的生产者的责任，产品的销售者赔偿的，产品的销售者有权向产品的生产者追偿。属于产品的销售者的责任，产品的生产者赔偿的，产品的生产者有权向产品的销售者追偿。

三、节约资源保护环境

触目惊心的环境危机

> 探究共享

各种环境问题

【思考】
1. 以上这些图片反映了哪些环境问题？
2. 你还能列举哪些环境问题？

环境问题是指由于人类活动作用于周围环境所引起的环境质量变化，以及这种变化对人类的生产、生活和健康造成的影响。人类在改造自然环境和创建社会环境的过程中，自然环境仍以其固有的自然规律变化着。社会环境一方面受自然环境的制约，也以其固有的规律运动着。人类与环境不断地相互影响和作用，产生环境问题。

我国当前的环境问题比较突出，治理能力赶不上破坏的速度，给我国经济社会的发展带来了严重的负面作用。

第十二课 依法生产经营，保护环境

探究共享

雾霾天气

【思考】漫画中描述的情形你有切身感受吗？你怎么看这个问题？

我国正处于经济迅速发展、转型尚未完成的特殊时期，再加上环境底子薄、人口压力大等先天因素的影响，环境问题多少成了发展的代价，然而，人们环保意识差、经济增长模式粗放、过度消耗资源也是不争的事实，值得我们警醒和反思。

致力环保的法律法规

保护环境是我国的一项基本国策。近年来，国家在科学发展观的指导下，运用经济、行政、法律以及提高公民环保意识等手段，来缓解环境不断恶化的问题。

为了保护和改善生活环境与生态环境，防治污染和其他社会公害，我国于1989年通过了《中华人民共和国环境保护法》（以下简称《环境保护法》）。之后，国家不断完善现行法律法规，健全环境保护法律制度，又出台了《中华人民共和国海洋环境保护法》《中华人民共和国水污染防治法》《中华人民共和国大气污染防治法》《中华人民共和国水土保持法》《中华人民共和国噪声污染防治法》《中华人民共和国固体废物防治法》《中华人民共和国放射性污染防治法》《中华人民共和国清洁生产促进法》《中华人民共和国环境影响评价法》。

知识链接

《环境保护法》是为保护和改善环境，防治污染和其他公害，保障公众健康，推进生态文明建设，促进经济社会可持续发展制定的国家法律。《环境保护法》由中华人民共和国第七届全国人民代表大会常务委员会第十一次会议于1989年12月26日通过。

> 为适应时代发展和现实变化的需要，中华人民共和国第十二届全国人民代表大会常务委员会第八次会议将《环境保护法》予以修订，并于 2014 年 4 月 24 日修订通过，自 2015 年 1 月 1 日起施行。该法被称为"史上最严厉"的《环境保护法》。

我国《环境保护法》规定了六项基本制度：

（1）环境影响评价制度。环境影响评价制度是指在进行建设活动之前，对建设项目的选址、设计和建成投产使用后可能对周围环境产生的不良影响进行调查、预测和评定，提出防治措施，并按照法定程序进行报批的法律制度。

（2）"三同时"制度。我国《环境保护法》第四十一条规定："建设项目中防治污染的措施，必须与主体工程同时设计、同时施工、同时投产使用……"这一规定在我国环境立法中通称为"三同时"制度。

（3）排污收费制度。排污收费制度是指向环境排放污染物或超过规定的标准排放污染物的排污者，依照国家法律和有关规定按标准交纳费用的制度。征收排污费的目的是促使排污者加强经营管理，节约和综合利用资源，治理污染，改善环境。排污收费制度是"污染者付费"原则的体现，可以使污染防治责任与排污者的经济利益直接挂钩，促进经济效益、社会效益和环境效益的统一。

（4）许可证制度。许可证制度是指凡对环境有影响的开发、建设、排污活动以及各种设施的建立和经营，均须由经营者向主管机关申请，经批准领取许可证后方能进行。这是国家为加强环境管理而采用的一种行政管理制度。

（5）限期治理制度。限期治理制度是指对造成环境严重污染的企事业单位，人民政府决定限期治理，被限期治理的企事业单位必须如期完成的制度。

（6）环境污染与破坏事故的报告及处理制度。环境污染与破坏事故的报告及处理制度，是指因发生事故或者其他突然性事件，造成或者可能造成环境污染与破坏事故单位，必须立即采取措施处理，及时通报可能受到污染与破坏危害的单位和居民，并向当地环境保护行政主管部门和有关部门报告，接受调查处理的规定的总称。

名家金句

> 环境就是民生，青山就是美丽，蓝天也是幸福。要像保护眼睛一样保护生态环境，像对待生命一样对待生态环境。对破坏生态环境的行为，不能手软，不能下不为例。
> ——习近平

除了将环保提升至法律高度，我国还在政策层面上不断地推出节能环保的新举措，如全社会的节能减排活动，鼓励使用风能、太阳能等可再生资源，限制塑料袋的滥用，提升汽车燃油质量，补贴新能源汽车等，使我国生态环境恶化的趋势得到了一定程度的遏制。

保护环境的公民力量

榜样力量

在南京建邺区有一位传奇式的环保人物：年已古稀，却精力充沛，每天工作十五个小时不觉累；本已退休，却退而不休，身兼16个社会公益职务；致力于环保公益活动，积极倡导绿色消费，全力推动低碳环保生活方式；团结带动了一批又一批社区居民，特别是青少年，投身环保，心向低碳，成绩卓著，社会影响很大；仅2007—2013年的6年时间里就被媒体报道了180余次，荣获国家、省、市、区各类奖项70多个。他，就是人称江苏环保第一人、远近闻名的"环保痴人"李耀东。

从1981年起，李老即积极从事青少年义务环境教育，在北京东路小学、中山小学、南师附中、南湖一中、南京晓庄学院等近20所大、中、小学和茶亭回民幼儿园等担任环保辅导员，在莫愁新寓、玉兰里社区等开展绿色社区、低碳社区创建活动。

李老退休前后专职修志，历时8年跑遍了全省13个直辖市和64个县，查阅、调研了环保、化工、轻工、印染、水利、农林、地矿、卫生等八大系统、有关污染防治方面一两千万字的文献资料与档案(修志要求按1：30的比例建立卡片资料)，完成了57万字的《江苏省志·环境保护志》，并荣获了省地方志系统优秀志书特等奖。1980—1986年，全省开展"江苏省海岸带与海涂自然资源综合考察"工作，他是其中八大子课题中的环保子课题负责人。该课题荣获省政府颁发的科技进步特等奖。

【思考】
1. 作为中职生，我们要向李老学习什么？
2. 我们可以为环保事业做哪些力所能及的事呢？

我们每一个人都生活在周边的环境中，所以，环保并不仅仅是政府的事，更与每个人的切身利益密切相关。为了我们生存的环境，为了我们的后代子孙，我们要善待地球，保护环境，从我做起。

首先，我们要提高环境保护的意识，自觉抵制破坏环境的违法行为，坚决和违法行为做斗争。

其次，我们要养成节约资源、爱护环境的好习惯，从改变身边的小环境做起。

最后，等我们步入职场，就要在日常的生产经营活动中严格遵守国家有关环保的法律法规，坚持达标排放，避免生产废品，节约资源，不断进行技术创新，开发出环保新产品。

名家金句

我们既要绿水青山,也要金山银山。宁要绿水青山,不要金山银山,而且绿水青山就是金山银山。
——习近平

习近平同志指出,不重视生态的政府是不清醒的政府,不重视生态的领导是不称职的领导,不重视生态的企业是没有希望的企业,不重视生态的公民不能算是具备现代文明意识的公民。作为一名普通公民,如果我们都能自觉养成有利于环保的行为习惯,自觉践行环保法律法规,"美丽中国"一定会"梦想成真"。

专题思考与实践

1. 甲某,男,18岁,因违章骑电动自行车横穿马路被某运输公司大货车当场撞死。甲是家中独子,父亲又早年过世,现在家里只有一位年过半百的老母亲无人扶养。甲母要求运输公司支付扶养费,但运输公司以该事故非自己责任为由不予支付,而网络上也有一些言论认为行人或非机动车交通违法肇事的当事人受到伤害"撞了白撞",你怎么看呢?

2. 随着微信这种网络社交工具越来越普及,很多人开始利用微信朋友圈进行网络商品营销活动,对于这样一种新生的经营模式,你能否从法律的角度对其进行分析点评?

3. 建议利用课外时间对周边的环境状况做一次社会调研,提出问题、分析问题、想出解决方案,形成调研报告,在班级里做专题讨论。